ZEITSCHRIFT FÜR ANGEWANDTE GEOLOGIE

HERAUSGEGEBEN VON
DER STAATLICHEN GEOLOGISCHEN KOMMISSION
UND DER ZENTRALEN VORRATSKOMMISSION
DER DEUTSCHEN DEMOKRATISCHEN REPUBLIK

AUS DEM INHALT

AKADEMIE-VERLAG · BERLIN

BAND 7 / HEFT 2
FEBRUAR 1961
SEITE 57—104

	INHALT	СОДЕРЖАНИЕ	CONTENTS	
	Der Zerfall des Kolonialismus	Распад колониализма	The Decay of Colonialism	57
F. Kölbel	Die Entwicklung des Zechsteins in Südbrandenburg	Стратиграфическое расчленение цехштейна в Южном Бранденбурге	Development of the Zechstein in South Brandenburg	58
S. Lisiakiewicz	Zur Genese der Kupferlagerstätten in der nordsudetischen Senke	О генезисе месторождений меди в Северосудетской впадине	Genesis of Copper Deposits in the North Sudetic Depression	63
L. Pokorný & V. Zemánek	Erkundung der blinden Magnetitlagerstätten in den Skarnen von Krušné hory (Erzgebirge). Referiert von G. Tischendorf	Разведка слепых месторождений магнетита в скарнах Крушней горы (Рудные горы). Реферат Г. Тишендорфа	Reconnaissance of Blind Magnetite Deposits in the Skarns of Krusné hory (Erzgebirge). Report by G. Tischendorf	65
A. G. Betechtin	Das Verhalten radioaktiver Elemente bei den Bildungsprozessen endogener Lagerstätten	О поведении радиоактивных элементов в процессах образования эндогенных месторождений	Behaviour of Radioactive Elements in the Genesis of Endogenous Deposits	66
M. Hannemann & H. Radtke	Frühglaziale Ausräumungszonen in Südostbrandenburg	Ранинеглациальные эрозионные зоны в юговосточном Бранденбурге	Early Glacial Excavation Zones in Southeast Brandenburg	69
R. Meinhold, E. Unger & R. Wienholz	Neue Erkenntnisse über den prätertiären Untergrund des Flachlandes der Deutschen Demokratischen Republik	Новые познания о дотретичном фундаменте низменности в ГДР	New Knowledge of the Pretertiary Subsoil in the Flat Ground of the German Democratic Republic	74
F. Wegert	Zur Definition und Klassifizierung einiger erdölgeologischer Begriffe	К вопросу определения и классификации нескольких понятий нефтяной геологии	On the Definition and Classification of Some Petroleum-Geological Terms	75
G. Rudakow	Zur Diskussion über die Bildung des Erdöls und seiner Lagerstättenentstehung	К дискуссии о генезисе нефти и образовании ее месторождений	Discussion on the Formation of Petroleum and its Deposits	78
E. Lange	„Organiker“ und „Anorganiker“	„Органики“ и „неорганики“	"Organic" and "Inorganic"	79
K.-H. Bintig	Fehlertheorie und Rundungsintervall von Vorratsberechnungen (Teil I)	Теория ошибок и интервал округления при подсчете запасов (часть I)	Theory of Error Computation and Rounding Interval of Reserve Calculations (Part I)	81
	Richtlinie der ZVK über die Rundung von Mittelwerten und Vorratsziffern in Vorratsberechnungen	Инструкция ЦКЗ об округлении средних величин и цифр запасов в подсчетах запасов	ZVK Direction Concerning the Rounding of Mean Values and Reserve Figures in Reserve Calculations	86
A. A. Predtetschenski	Gegen den Formalismus in der geologischen Kartierung	Против формализма в геологическом картировании	Against Formalism in Geological Mapping	87
E. Lange	Wandlung in der westeuropäischen Energiewirtschaft	Перемена в западноевропейском энергетическом хозяйстве	Change of the West European Energy Economy	89
A. Tariki	Die Preisbildung bei Rohöl und Raffinerieprodukten	Образование цен на сырую нефть и продукты рафинирования	The Pricing of Crude Oil and Refined Products	90
E. Lange	Neue Verfahren der sowjetischen Hüttenindustrie	Новые приемы советской металлургической промышленности	New Soviet Metallurgical Processes	94
H. Weyrich	Verdrängungserscheinungen am Anhydrit	Явления замещения в ангидрите	Phenomena of Replacement of Anhydrite	96

Die ZEITSCHRIFT FÜR ANGEWANDTE GEOLOGIE berichtet ständig ausführlich über folgende Arbeitsgebiete: Geologische Grundlagenforschung und Lagerstättenforschung / Methodik der geologischen Erkundung / Ökonomie und Planung der geologischen Erkundung / Technik der geologischen Erkundung / Geologie und Lagerstättenkunde im Ausland / Bibliographie, Verordnungen, Richtlinien, Konferenzen, Personalnachrichten

Die ZEITSCHRIFT FÜR ANGEWANDTE GEOLOGIE ist kein Organ einer engen Fachgruppe. Auf ihren Seiten können alle strittigen Fragen der praktischen Geologie behandelt werden. Die Autoren übernehmen für ihre Aufsätze die übliche Verantwortung.

ZEITSCHRIFT FÜR ANGEWANDTE GEOLOGIE

CHEFREDAKTEUR: PROF. DR. E. LANGE

BAND 7 · FEBRUAR 1961 · HEFT 2

Der Zerfall des Kolonialismus

In der Deklaration über die Gewährung der Unabhängigkeit an die kolonial unterdrückten Länder und Völker, die vom Vorsitzenden des Ministerrats der UdSSR, N. S. CHRUSCHTSCHOW, am 23. September 1960 der XV. Tagung der UNO-Vollversammlung unterbreitet wurde, stehen die stolzen Worte:

„Unsere Epoche ist die Epoche der stürmischen Erneuerung der Gesellschaft, die Epoche der Durchsetzung fortschrittlicher und gerechter Lebensformen, des Höhenflugs zu einer nie dagewesenen Macht des Menschen über die Kräfte der Natur.

Die Zeit für die vollständige und endgültige Befreiung der in kolonialer Unfreiheit schmachtenden Völker ist gekommen. Daher verkünden die Mitgliedstaaten der Organisation der Vereinten Nationen feierlich ihre Überzeugungen, Absichten und Forderungen, den kolonialen Ländern und Völkern die Unabhängigkeit zu gewähren.

Völker, die andere Völker unterdrücken, können nicht frei sein. Jedes freie Volk muß den immer noch unterdrückten Völkern helfen, Freiheit und Unabhängigkeit zu erkämpfen.“

Das imperialistische Märchen von der angeblichen Unfähigkeit der ehemaligen Kolonialvölker, ihre eigenen Reichtümer selbst zu verwalten, ihre einheimischen Erdöle, Erdgase, Erze und Kohlen in eigener Regie zu fördern und zu verarbeiten, ist vom Sturmwind des Volkserwachens zerfetzt worden. Die Völker Asiens, Afrikas und Lateinamerikas haben gezeigt, daß sie fähig sind, innere Umgestaltungen zu vollziehen, ihr Schicksal in die eigenen Hände zu nehmen und bodenständige Industrien aufzubauen. Daher hat die Verkündung der Deklaration ein großes Echo hervorgerufen und Begeisterung in den Herzen der geknechteten Völker entfacht.

Aber die endgültige Vernichtung aller Reste des Kolonialregimes erfordert auch die Entlarvung und völlige Beseitigung der Erscheinungen des Neokolonialismus, durch die die imperialistischen Mächte versuchen, gegenüber den immer stärker werdenden Einflüssen des sozialistischen Weltsystems ihre alten Ausbeutungsmethoden unter scheinbar neuartigen Maskierungen aufrechtzuerhalten.

Für die „Hilfe“, die die neokolonialen imperialistischen Kräfte den unterentwickelten Ländern leisten wollen, verlangen sie von reaktionären oder gekauften Elementen die Unterdrückung der Werktätigen, die alle Werte schaffen, die sie raffgierig in Profite für sich selbst umzuwandeln gedenken. Deshalb muß die imperialistische Unterstützung mit politischen Forderungen, die auf die Unterdrückung des Volkswillens hinauslaufen, verbunden sein. Auch der Neokolonialismus wird daher an dem unbesiegbaren Befreiungswillen, der neben der politischen auch die ökonomische Unabhängigkeit erstrebt, scheitern. Die nach Freiheit drängende nationale Bewegung aller unterentwickelten Völker wird sich nicht von solchen berechtigten Forderungen abbringen lassen, wie: das indonesische Erdöl den Indonesiern, das argentinische Erdgas den Argentiniern, die kubanischen Nickelerze den Kubanern, die Eisenerze der Westküste Afrikas den Westafrikanern zum Ausbau einer eigenen Schwerindustrie, die reichen mineralischen Rohstoffe der arabischen Länder den Arabern!

Allein schon durch die Existenz der sozialistischen Länder — und vor allem durch das wissenschaftlich-technisch hohe Niveau der Sowjetunion —, die den unterentwickelten Ländern uneigennützig Unterstützung gewähren, um die Landwirtschaft und bodenständige Industrie durch sachgemäße Auswertung der Böden, Wasservorräte und mineralischen Rohstoffe weiter zu entwickeln, ist den zurückgebliebenen Ländern und ihren Völkern eine stürmische Aufwärtsentwicklung garantiert.

Die Entwicklung des Zechsteins in Südbrandenburg

FRIEDA KÖLBEL, Berlin

Der Zechstein südlich und südöstlich von Berlin ist mit Ausnahme gelegentlicher Salzaufbeulungen (Rüdersdorf) und -aufbrüche (Sperenberg, Mittenwalde, Blankensee) meist in größere Tiefen versenkt. Die in den Jahren 1895—1902 durchgeführten Strukturbohrungen Rüdersdorf 1, 4 und 6 sowie Sperenberg 1 bis 10 wurden bereits innerhalb der Staßfurt-Serie, im Staßfurt-Steinsalz, bzw. noch darüber beendet. Das gesamte Staßfurt-Steinsalz, der Stinkschiefer bzw. Stinkkalk und die Werra-Serie wurden erst 1951—1953 durch die Bohrung Rüdersdorf 10 (H. KÖLBEL 1954) nachgewiesen. Im Südteil von Südbrandenburg ist der Zechstein im Bereich seines Ausbisses seit 1921 bzw. 1956 durch die Bohrungen Bornsdorf (E. ZIMMERMANN 1921) und Schönewalde 1 (F. KÖLBEL 1958) bekannt. Für den Zechstein von Südostbrandenburg sei auf die 1954—1958 durchgeführten Bohrungen Spremberg 3, 13, 13 E, 15 und 29 auf der Struktur Mulkwitz verwiesen (F. KÖLBEL 1958).

Der stratigraphischen und paläogeographischen Auswertung dieser Arbeit lagen die Ergebnisse der Bohrungen Rüdersdorf 1, 4 und 6, Sperenberg 1 bis 10, Bornsdorf, Schönewalde 1 und Spremberg 3, 13 und 13 E zugrunde.

Innerhalb der einzelnen Serien des Zechsteins folgen bei vollständiger Entwicklung tonige, karbonatische, sulfatische und chloridische, abschließend wieder sulfatische Gesteine, wie bei Rüdersdorf und Sperenberg. In den Randgebieten des Beckens herrschen zum Teil tonige, schluffige und auch sandige, vor allem aber mächtige Kalkstein- und Dolomitfolgen vor; diesen schalten sich beckenwärts Anhydrite bzw. Gipse in erst stark zunehmender und dann wieder rasch abnehmender Mächtigkeit, dann auch Steinsalz und schließlich im Beckeninneren auch Kalisalze ein. Es ergeben sich damit im allgemeinen eine Zone vorherrschender klastischer Gesteine (Tone, mitunter Sandsteine), eine Zone vorherrschender Karbonatgesteine (Kalksteine und Dolomite) und eine Zone vorherrschender Sulfatgesteine (Anhydrite, Gipse). Weiterhin lassen sich ein Gebiet vorherrschender Chloridgesteine und innerhalb derselben wieder eine Zone, in der nur Steinsalz auftritt, sowie ein Zentralgebiet, in dem auch Kalisalze vorkommen, ausscheiden.

Zechstein 1 oder Werra-Serie (Tab. 1, Abb. 1, 2 und 6)

Bei Spremberg, in Annäherung an den Faziesbereich des Zechsteins der Haaseler und Gröditzer Mulde, sind als Äquivalente des Zechsteinkalkes „Bleimergel" und „Hauptkalk" ausgebildet, die — wie bereits dargelegt (F. KÖLBEL 1958) — als 1,1 m bis 2,5 m mächtige bleiglanzführende Dolomitmergelsteine und als 25 m (Bohrung 15) bis maximal 87 m (Bohrung 29) mächtige Dolomite vorliegen. Der Kupferschiefer ähnelt mehr der Mansfelder Fazies, jedoch weichen die Mächtigkeiten teilweise erheblich von den dort bekannten ab, z. B. in der Bohrung Spremberg 13 E mit 1,44 m.

Bei Bornsdorf — in Beckenrandnähe — ist der Zechsteinkalk durch 13 m „hornsteinähnliche Kalke" und unten „Tonmergel mit Kalksteingeröllen" vertreten. Der Kupferschiefer bzw. -mergel ist in einer 4,5 m mächtigen „Wechsellagerung aus Kalkstein und Mergelschiefer" (ZIMMERMANN 1921) enthalten. Ihr oberer Teil ist in die Zone des untersten Zechsteinkalkes, der „Dachberge" bzw. „Bleimergel" zu stellen, da nach neueren Bohrergebnissen 7 m „Tonmergel mit Kalksteingeröllen" bereits oberhalb dieses Horizontes liegen müssen.

Im Bereich einer NW—SE streichenden, tektonisch begrenzten, aber anscheinend bereits paläogeographisch angelegten Schwelle aus Porphyr und Diorit und Kambrium an den Flanken erfolgte die Zechsteintransgression lückenhaft oder vielleicht verspätet. Deshalb sind Kupferschiefer und Zechsteinkalk bei Schönewalde sehr geringmächtig entwickelt. Auch fehlt dort das sedimentäre Rotliegende.

Bei Rüdersdorf entspricht eine Rotfärbung, die vom Horizont des Kupferschiefers über 4,2 m Zechsteinkalk bis in die untersten Partien des Unteren Werra-Anhydrits anhält, etwa der „Roten Fäule" der mitteldeutschen Kupferschiefergebiete. Sowohl diese Rotfärbung als auch die Ausbildung des Kupferschiefers als Kalkstein lassen die Sedimentation in einem bewegteren gut durchlüfteten Wasser vermuten. Dagegen sprechen die verhältnismäßig geringe Mächtigkeit des Werra-Anhydrits von insgesamt nur 61 m sowie das Vorhandensein des Werra-Steinsalzes mit 20,9 m Mächtigkeit wieder mehr für beckentiefere Sedimentationsbedingungen.

Insgesamt lassen sich in Südbrandenburg innerhalb der Werra-Anhydrit-Folge sieben Kleinzyklen unterscheiden, deren Grenzen bei Rüdersdorf allerdings nicht immer deutlich ausgeprägt sind. Im allgemeinen ist im unteren Teil eines jeden Kleinzyklus ein flaseriger, mehr oder weniger bituminöser, kalkhaltiger oder dolomitischer Anhydrit, zum Teil mit augenartiger, wolkenartiger, marmorierter Ausbildung, und im oberen Teil ein feinstreifiger und feinschichtiger, zum Teil flaserig-schichtiger oder texturloser Anhydrit charakteristisch.

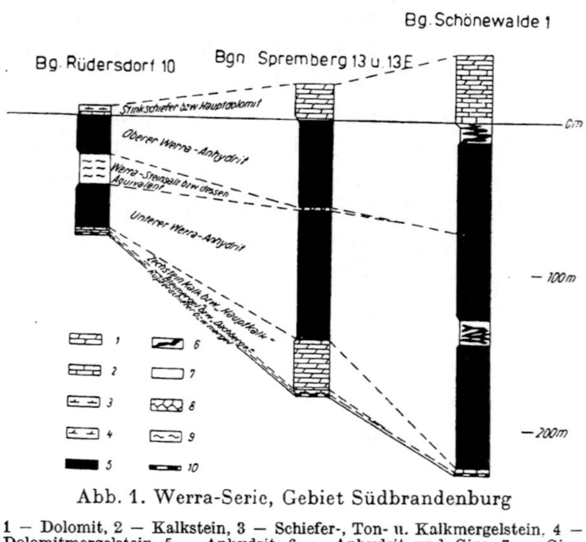

Abb. 1. Werra-Serie, Gebiet Südbrandenburg

1 — Dolomit, 2 — Kalkstein, 3 — Schiefer-, Ton- u. Kalkmergelstein, 4 — Dolomitmergelstein, 5 — Anhydrit, 6 — Anhydrit und Gips, 7 — Gips, 8 — Brekzie (aus Anhydrit und Tonstein), 9 — Steinsalz, 10 — Kupferschiefer bzw. dessen Äquivalent

Tab. 1. Werra-Serie

Rüdersdorf 10 nach F. & H. Kölbel	Spremberg 3 nach F. Kölbel	Spremberg 13 nach F. Kölbel	Spremberg 13 E nach F. Kölbel & D. Rusitzka	Schönewalde 1 nach F. Kölbel	Bornsdorf nach E. Zimmermann	Horizont	Gliederung: Kleinzyklus	Gliederung: nach Jung ungefähre Gliederung	Gliederung: nach Richter-Bernburg
Anhydrit, überwiegend in feiner Wechsellagerung mit Kalkstein, bituminös, Einfallen 6° 0,50 m	Gips, verflasert mit Dolomit, letzterer z. T. überwiegend 0,65 m	Gips, verflasert mit Dolomit 1,76 m	Anhydrit, Einfallen bis 60° 5,00 m ↓	Gips, z. T. flaserig mit Anhydrit u. tonig-kalkigen bituminösen Lagen 1,30 m	Anhydrit, massig bis fein tonflaserig, undeutlich geschichtet 240,50 m	18	VII	ν	Oberer Werra-Anhydrit (A1 β)
Anhydrit, wechselnd mit feinen bituminösen Kalksteinlamellen, z. T. mit augenähnlichen Aufblähungen, Einfallen 10–12° 6,00 m	Anhydrit, mit Gipsaugen 1,45 m	Anhydrit, z. T. stark vergipst 1,84 m	↑	Gips, anhydrithaltig 14,60 m		17			
	Anhydrit, z. T. mit tonigen und tonig-bituminösen Bestegen 20,90 m	Anhydrit, überwiegend feinflaserig, unten Dolomitmergelsteinlage, ± bituminös 7,58 m		Anhydrit, überwiegend massig, glasig, Einfallen 5–45°? 13,20 m		16		μ	
Anhydrit, feinstreifig, bituminös, Einfallen bis 20° 1,90 m	Anhydrit, geschichtet 3,59 m	Anhydrit, stellenweise mit dolomitischen Flasern 2,45 m	Anhydrit (gemeißelt) 14,60 m ↓	Anhydrit, z. T. schwach geschichtet nach 10–25° 10,50 m		15	VI	λ	
Anhydrit wie vor, z. T. mit augenähnlichen Aufblähungen, Einfallen bis 20° 3,65 m	Anhydrit, z. T. undeutlich flaserig, z. T. gestreift, Einfallen 5° 6,13 m	Anhydrit, flaserig, z. T. feinschichtig, unten Dolomitmergelstein, bituminös, Einfallen 20–30° 7,13 m	Anhydrit, flaserig, z. T. regelmäßig fein und eng gestreift, dolomitisch 2,00 m ↑	Anhydrit, z. T. flaserig und unregelmäßig perlig und marmoriert, unten konglomeratisch, dolomitisch 9,30 m		14		κ	
dsgl., perlig, Einfallen 10 – 30° 6,75 m	Anhydrit, flaserig durch bituminöse Substanz, Einfallen 3–5° 8,95 m	Anhydrit, flaserig-schichtig u. unregelmäßig flaserig, bituminös, dolomitisch, Einfallen 20–30° 9,05 m		Anhydrit, ± flaserig durch tonige Substanz, z. T. perlig, Einfallen 10–20° 7,39 m		13			
desgl., mit unregelmäßig begrenzten Linsen und Bänken von reinem Anhydrit 0,70 m	Anhydrit, gestreift, bituminös 2,88 m	Anhydrit, geschichtet und schichtig-feinflaserig, bituminös, dolomitisch, Einfallen 20–25° 3,98 m	Anhydrit (gemeißelt) ↓ 16,50 m	Anhydrit, glasig 0,81 m		12		ι	
Anhydrit, flaserig und perlig, bituminös, Einfallen 20° 3,60 m ↓		Anhydrit, überwiegend schichtig-flaserig, z. T. flaserig, bituminös, ± dolomitisch, Einfallen 15–20°, unten gefaltet 10,51 m	Anhydrit, unregelmäßig flaserig u. schichtig-flaserig durch dolomitische Substanz, ± bituminös, Einfallen 10–15 8,96 m	Anhydrit, ± flaserig und flaserig-perlig, ± geschichtet 8,90 m		11	V		
	Anhydrit, z. T. grob geschichtet, mit dolomitischen Lagen und Flasern, bituminös, Einfallen 5–20° 9,72 m	Anhydrit, z. T. schichtig-flaserig, z. T. ungeschichtet, grobflaserig und flaserig-schlierig, mit Dolomitmergelsteinflasern, Einfallen 15–30° 4,51 m	Anhydrit, flaserig, z. T. gestreift durch dolomitische Substanz, ± bituminös, Einfallen 10–20° 4,45 m	Anhydrit, ± stark flaserig durch tonige Substanz 7,50 m		10			
Steinsalz 20,90 m	Brekzie aus Dolomit, mit Anhydrit, z. T. mit salzigem Geschmack 6,33 m	Brekzie aus Anhydrit, mit Tonstein, z. T. mit salzigem Geschmack, z. T. dolomitisch 1,87 m	Brekzie aus Anhydrit, mit Tonstein, z. T. mit leicht salzigem Geschmack 6,24 m	–		9		ϑ	Werra-Steinsalz (Na 1) bzw. Äquivalent desselben
Anhydrit, mit dünnen Kalksteinflasern, gelegentlich Perlanhydritflasern 2,25 m ↑	Anhydrit, bituminös, schwach dolomitisch, Einfallen 15–20° 4,51 m	Anhydrit, unten konglomeratisch, z. T. etwas flaserig und schichtig-flaserig, bituminös, Einfallen 20–40° 5,54 m	Anhydrit, überwiegend grobflaserig durch dolomitische und tonige Substanz, konglomeratisch, bituminös, Einfallen 25–45° 3,30 m	Anhydrit, undeutlich flaserig 6,60 m		8	IV		Unterer Werra-Anhydrit
	Anhydrit, stark flaserig durch Dolomit- und Tonsteineinlagerungen, bituminös, Einfallen 15–20° 8,67 m	Anhydrit, z. T. schichtig-flaserig, z. T. etwas großflaserig durch Dolomitmergelstein, Einfallen 20–30° 6,20 m	Anhydrit, z. T. glasig, ± flaserig durch dolomitische Substanz, z. T. regelmäßig fein und eng gestreift, ± bituminös 8,85 m	Anhydrit, ± flaserig, z. T. geschichtet durch tonig-dolomitische Substanz, ± bituminös, Einfallen 10–15° 6,70 m		7			
Anhydrit, feinstreifig, z. T. …	Anhydrit, z. T. gebändert, …	Anhydrit, z. T. schichtig-flaserig …	Anhydrit, zurücktretend flaserig	Anhydrit, überwiegend schichtig- …					

streifig, perlig, bituminös, kalkhaltig, Einfallen 12° ca. 3,40 m	12,00 m	6,15 m	7,60 m	24,10 m					
Anhydrit, feinstreifig, perlig., z. T. mit augenähnlichen Aufblähungen, bituminös, Einfallen 12–15° 2,56 m	Anhydrit, sehr rein 7,32 m	Anhydrit, glasig, etwas geschichtet, bituminös, Einfallen 5° 18,95 m	Anhydrit, ± meist in weiten Abständen großflaserig durch dolomitische Substanz, Einfallen 22° 17,70 m	Gips u. Anhydrit, ± bituminös, z. T. dolomitisch 17,90 m	↓	4	II	ε	
Dolomit, z. T. wechselnd mit Anhydrit, kalkhaltig 1,78 m	Anhydrit, flaserig, ± bituminös, dolomitisch, Einfallen 15–30°, unten Dolomit 8,91 m	Anhydrit, ± geschichtet, zurücktretend flaserig, Einfallen ca. 5° 15,75 m	Anhydrit, ± schichtig-flaserig und unregelmäßig flaserig, z. T. massig, ungeschichtet, ± bituminös, dolomitisch, Einfallen 20–25° 10,10 m	Anhydrit, oben mit Gips, z. T. stark flaserig, z. T. ungeschichtet, ± bituminös, dolomitisch 18,60 m		3		δ	
Anhydrit, z. T. undeutlich gestreift 0,21 m	Anhydrit, sehr rein, ± dolomitisch 3,04 m	Anhydrit, gebändert, ± bituminös, Einfallen 5–10° 10,51 m	Anhydrit, vereinzelt flaserig, dolomitisch, Einfallen 20–25° 8,00 m	Anhydrit, überwiegend schichtig-flaserig, z. T. unregelmäßig flaserig, ± bituminös, Einfallen 10–30° 16,25 m		2		γ	
Anhydrit, z. T. perlig, mit Flasern von z. T. gerötetem kalkhaltigem Dolomit bis Kalkstein 1,81 m	Anhydrit, ± flaserig, partienweise sehr rein, unten übergehend in Gips und mit Dolomitflasern 18,35 m	Anhydrit, flaserig, schlierig, wolkig und perlig, bituminös, Einfallen 25–35° 14,64 m	Anhydrit, flaserig, z. T. wolkig, marmoriert, unten mit Dolomiteinlagerungen, ± bituminös, Einfallen 0–20° 25,60 m	Anhydrit, überwiegend flaserig, z. T. schichtig-flaserig, schlierig-flaserig, perlig und wolkig, unten in Gips übergehend, z. T. bituminös, dolomitisch, Einfallen 10–70° 48.08 m		1	I	β + α	
Kalkstein, rötlich- bis graubraun und rötlichgrau, unten lilabraun, dicht bis feinkristallin 3,38 m ↓	Dolomit, feinkörnig, massig, ungeschichtet, z. T. flaserig, mit Gips 11,65 m Dolomit wie vor mit ± Gipseinsprenglingen und -nestern 21,30 m Dolomit, flaserig, löcherig, porös 10,52 m Dolomit, flaserig und geschichtet nach 5–10°, bituminös, schwach kalkhaltig 2,43 m	Dolomit, z. T. gebändert und fein geschichtet nach 10–20°, z. T. porös, löcherig 13,50 m Dolomit wie vor, schichtig-flaserig, z. T. gebändert nach 0–10°, ± porös und löcherig >4,45 m	Dolomit, feinkörnig, überwiegend schichtig-flaserig, z. T. löcherig, porös, schwach bituminös, kalkhaltig, Einfallen 5–20° 7,45 m Dolomit wie vor, schichtig u. schlierig-flaserig, z. T. stark löcherig, kalkhaltig bis schwach kalkhaltig, Einfallen 0–20° 7,85 m Dolomit wie vor, massig, ungeschichtet, z. T. schwach, flaserig nach 10°, löcherig, ± bituminös 11,80 m Dolomit wie vor, ± flaserig und schlierig-flaserig nach 0–5°, tonig 4,17 m	Kalkstein, schwarzgrau, dicht 3,57 m ↓	blaugraue und aschgraue an Kamsdorfer Hornkalk erinnernde Kalksteine 6,00 m dickschiefrige blaugraue Tonmergel mit Kalksteingeröllen 7,00 m	Zechsteinkalk (Ca 1) bzw. Äquivalent desselben (Hauptkalk)			
Kalkstein, graulila bis lilabraun, zuunterst grau, mit tonigen Flasern 0,86 m	Dolomitmergelstein, schichtig-flaserig, z. T. geschichtet nach 5–10°, bituminös, kalkhaltig, unten in Mergelschiefer übergehend 2,51 m		Dolomitmergelstein, schlierig und schieferig-flaserig nach 0–10°, bituminös, kalkhaltig 1,16 m Dolomit, flaserig u. streifig, mit Dolomitmergelstein, Einfallen 0° 0,43 m		? ↑	Unterster Zechsteinkalk bzw. Äquivalente desselben („Dachberge“ bzw. „Bleimergel“)			
Kalkstein, bräunlich- bis grünlichgrau, lagenweise dunkel- bis violettbraun, lilaschwarz und dunkelolivgrau, feinschichtig, unten übergehend in kalkfreien Tonstein 0,38 m	Mergelschiefer, feinschichtig-flaserig, bituminös, dolomitisch 0,39 m		Mergelstein, z. T. Mergelschiefer, feinglimmerig, bituminös, dolomitisch, Einfallen flach 0,45 m Mergelschiefer, feinschichtig und feinstreifig, bituminös, dolomitisch, Einfallen flach 0,99 m	Tonmergelstein, bräunlich-schwarz, bituminös bis 0,02 m	Kalkstein und Mergelschiefer wechselnd 4,50 m	Kupferschiefer bzw. -mergel (T1) bzw. Äquivalente desselben			
Rotliegendes (Sandstein)	Rotliegendes (Konglomerat)		Rotliegendes (Konglomerat)	? Kambrium (Grauwacke)	Rotliegendes (Sandstein, Konglomerat)				

Tab. 2. Staßfurt-Serie

Bohrungen Sperenberg						Bohrungen Rüdersdorf				Bohrungen Spremberg			
1	4	6	8	9	10	1	4	6	10	3	13	13 E	Gliederung
	Anhydrit, mit rotem Steinsalz u. schwarzen Letten 4,99 m	Salzton mit Anhydritlage 4,30 m	Mergel mit Lagen von Anhydrit 4,60 m	Salzton, anhydritführend 1,20 m	Anhydrit mit Salzton 1,85 m	dolomitischer salzhaltiger Ton, z.T. anhydritischer Mergelschiefer 3,00 m	kalihaltiger Salzton 3,77 m	schiefriger Dolomitmergel 3,66 m	schluffiger, plattiger, z. T. dolomitischer Tonstein 2,70 m	schluffiger Tonstein mit Dolomit wechselnd 5,02 m	Tonstein, mit Schluffstein, Dolomitmergelstein, Dolomit u. Gips 3,62 m	wie Spremberg 13 3,10 m	Leine-Serie: Grauer Salzton (T 3)
Gips 88,80 m ↓	↓	↓	↓	↓	↓	dichter Anhydrit, z. T. brekzienhaft 1,10 m	Anhydrit 2,03 m	dichter Anhydrit, mit Salzton 0,50 m	Anhydrit, z. T. wechselnd mit Ton, z. T. mit Anhydrit-Ton-Brekzie 1,35 m	Anhydrit 2,40 m Tonstein, schwarzgrau, schluffig 0,22 m Anhydrit, mit bituminösen Flasern 3,78 m Gips, mit bituminösen Flasern, schwach dolomitisch 1,00 m	Gips, schwach bituminös, z. T. wechselnd mit bräunlich-schwarzen, dolomitischen Tonsteinlagen, Einfallen 10–20° 1,90 m Anhydrit, unten geflasert 6,25 m Gips, mit Tonsteinflasern 0,85 m	Anhydrit mit Gips 7,60 m	Staßfurt-Serie: Gebänderter Deckanhydrit (A 2r) bzw. Sangerhäuser Anhydrit
↓	↓ ?	↓ ?	↓ ?	↓ ?	↓ ?	kieserithaltiges Steinsalz 0,75 m	Steinsalz 1,20 m	Steinsalz mit Anhydritstreifchen 0,67 m	Steinsalz mit Carnallitflocken 1,80 m	–	–	–	Decksteinsalz (Na 2r)
Steinsalz < 1182,50 m	Carnallit 95,15 m	Kalisalze 34,50 m	Carnallit 21,04 m	Kalisalze 62,40 m	Carnallit 19,50 m	Kalisalz mit Steinsalzlagen 52,80 m	Carnallit > 75,03	Kalisalze (Carnallit) mit schwachen Steinsalzschichten 40,17 m	Steinsalz mit Carnallit u. Kieserit 60,00 m	–	–	–	Kaliflöz Staßfurt (K 2)
	Steinsalz mit Carnallit- u. Kainiteinschlüssen 8,93 m	Kalisalze mit Steinsalzbänkchen 14,50 m	Steinsalz mit Carnallitbänkchen 13,27 m	Steinsalz, z. T. mit Kieserit > 20,04 m	Steinsalz, kieseritisch, mit Carnallitspuren 10,00 m	↓		Steinsalz, mit Kalisalzspuren > 14,00 m	Steinsalz mit Kieseritlagen 25,30 m	–	–	–	Kieseritische Übergangsschichten [Na 2 (K)]
	Steinsalz	Steinsalz mit Kalisalzspuren	Steinsalz mit Anhydritjahresringen		Steinsalz mit Anhydritjahresringen, steil einfallend	Steinsalz mit anhydritischen Jahresringen, z. T. gefältelt			Steinsalz, mit wechselndem Anhydritgehalt. Einfallen wechselnd	–	–	–	Hauptsalz (Na 2β)

								Schieferton 37,77 m		/		
								?	Dolomit 1,05 m Gips 1,20 m Anhydrit, ± bituminös u. dolomitisch, unten nach 0–5° geschichtet 6,80 m ↓ Gips, bituminös, unten mit dolomitischen Lagen 1,55 m	Dolomitmergelstein, schluffig, bituminös 0,60 m Wechsellagerung aus Gips u. Dolomitmergelstein 3,47 m Anhydrit 6,01 m Gips, bituminös, unten geschichtet durch tonig-bituminöse dolomitische Lagen 1,10 m Dolomitmergelstein, stark bituminös 2,78 m Anhydrit 0.70 m	Anhydrit, mit Lagen aus Dolomitmergelstein, z. T. wolkig-flaserig durch dolomitische Einlagerungen, Einfallen 5–10° 14,30 m ↓	Basalanhydrit (A 2)
								Schiefermergel, bituminös 2,23 m Kalkstein, bituminös, Einfallen 10° 4,00 m	Dolomit, dicht, massig, ungeschichtet, ± bituminös, z. T. wechselnd mit Gipslagen 4,25 m Dolomit wie vor, kalkhaltig, oben geschichtet nach 5° durch Kalksteinlagen 8,30 m Dolomit wie vor, geflasert, kalkhaltig bis kalkfrei, Einfallen 5° 7,75 m Dolomit wie vor, z. T. geschichtet nach 5° 8,90 m	Dolomit, dicht, z. T. etwas schieferig, z. T. porös, wechselnd mit Gipslagen, Einfallen 15° 10,85 m ↓ Dolomit wie vor, z. T. ± flaserig-schichtig nach 10–20°, bituminös 8,10 m Dolomit wie vor, geschichtet durch Tonstein nach 15 – 50° 2,38 m	Dolomit, z. T. Dolomitmergelstein, dicht, z. T. schaumig-porös, ± bituminös, Einfallen 20 – 30° 12,80 m ↓ Dolomit bis dolomitischer Kalkstein, schwach bituminös 3,50 m dolomitischer Kalkstein u. Dolomit, z. T. porös, ± bituminös. Einfallen 10 – 40° 7,40 m	Stinkschiefer (Ca 2 k) bzw. Hauptdolomit (Ca 2 d)
								Anhydrit	Gips Anhydrit	Gips Anhydrit	Anhydrit	Werra-Serie: Werra-Anhydrit (A 1)

Tab. 3. Leine-Serie

Bohrungen Sperenberg 4	Bohrungen Sperenberg 6	Bohrungen Sperenberg 8	Bohrungen Sperenberg 9	Bohrungen Sperenberg 10	Bohrungen Rüdersdorf 1	Bohrungen Rüdersdorf 4	Bohrungen Rüdersdorf 6	Bohrungen Rüdersdorf 10	Bohrungen Spremberg 3	Bohrungen Spremberg 13	Bohrungen Spremberg 13 E	Gliederung	
Anhydrit mit rotem Salzton 3,41 m	Salzton, plastisch 0,96	roter plastischer Salzton 0,40 m	roter plastischer Salzton 0,90 m	Anhydrit mit Steinsalz u. roter Ton 3,95 m	roter plastischer Ton 1,70 m	roter Ton 1,70 m	roter Salzton 2,00 m	Ton, rotbraun 2,30 m	Tonstein, dunkel- bis lilabraun, mit Gips 0,80 m	Tonstein, braun bis dunkelbraun, schluffig, mit Gipslagen, Einfallen 45–50° 0,90 m	↑ Tonstein mit Gips < 4,20 m	Roter Salzton (T4) z. T. mit Pegmatitanhydrit (A 4)	Aller-Serie
Steinsalz, rötlich 18,91 m	Steinsalz, rötlich 41,14 m	Steinsalz, rötlich u. rot, mit Anhydrit- u. ?Kieseritgehalt 55,32 m	–	Steinsalz, rötlich 29,12 m Steinsalz, rötlich, mit Kieseritspuren 11,00 m	rotes Steinsalz mit Schieferletten, mit kieseritischen Jahresringen und Carnallitspuren 8,04 m	Steinsalz 4,90 m	Steinsalz, rotgelb, mit Anhydrit u. Carnallitstreifchen 4,70 m	Steinsalz, mit rotbraunen Tonflocken u. Anhydritschwaden u. -flocken 4,50 m	↓	↓	↓	Tonmittelsalz (Na 3tm) Flöz „Riedel" (K 3 Ri) Schwadensalz (Na 3δ)	Leine-Serie, Riedel-Gruppe
Anhydrit mit rötlichen Steinsalzputzen 1,96 m	Anhydrit, mit Steinsalz (Pegmatitanhydrit) 1,50 m	Anhydrit mit wenig Steinsalz u. Carnallit 1,25 m	Anhydrit mit Steinsalz, pegmatitisch 0,75	Anhydrit mit Steinsalz, pegmatitisch 2,40 m	Anhydrit mit rötlichem Steinsalz, pegmatitisch 1,86 m	Anhydrit 1,50 m	Anhydrit mit rötlichem Steinsalz 1,60 m	Anhydrit mit ± Steinsalz 1,60 m	Fasergips, wechselnd mit Tonstein wie vor 1,90 m	Gips mit dunkelbraunem Tonstein, Lagerung gestört 1,10 m	↓	Anhydritmittelzone (Na 3 am)	Leine-Serie, Riedel-Gruppe
Steinsalz, rötlich, unten grau 14,28	Steinsalz, rötlich 10,44	Steinsalz, erst rötlich, dann wasserklar 33,00 ↓	Steinsalz, rötlich 61,00 m	Steinsalz, rötlich 14,27 m	Steinsalz, rot, z. T. tonig, unrein, mit Anhydritstreifchen 59,64 m ↓	Steinsalz 51,90 m ↓	Steinsalz, rotgelb, mit roten Schieferletten u. Kalispuren 55,90 m ↓	Steinsalz, farblos u. orange, mit Anhydritflocken u. -schwaden sowie Tonbrocken u. -flocken 35,10 m	↓	↓	↓	Buntes Salz (Na 3ζ)	Leine-Serie, Ronnenberg-Gruppe
Anhydrit 0,94 m Steinsalz, von Anhydrit durchwachsen 4,62 m	↓	↓	Anhydrit mit rötlichem Steinsalz, pegmatitähnlich 4,39 m Steinsalz, rot und gelblich, Einfallen 45° 7,36 m ↑	Anhydrit 1,25 m Steinsalz, rötlich 24,21 m	↓	↓	↓	Steinsalz, gelblichbraun, mit Anhydritflocken, undeutlich gebändert 5,50 m	↓	↓	↓	Bändersalz (Na 3ε)	Leine-Serie, Ronnenberg-Gruppe
Anhydrit, blaugrau, grobkörnig 18,78 m	↓	Anhydrit mit Steinsalz durchwachsen 5,54 m		Anhydrit, mit Steinsalzputzen 12,50 m	↓	↓	Steinsalz, weiß 2,40 m	Steinsalz mit Carnallitnestern u. -flocken 13,40 m	↓	↓	↓	Banksalz (Na 3δ)	Leine-Serie, Ronnenberg-Gruppe
Steinsalz mit Kieserit 5,48 m	↓	–		–	graues kalihaltiges Steinsalz mit 30–90° einfallenden Jahresringen 13,43 m	Steinsalz mit Carnallit 19,09 m	Kalisalz mit weißem Steinsalz 4,55 m	Steinsalz mit Carnallit und Kieserit 28,20 m	↓	↓	↓	Flöz „Ronnenberg" (K 3 Ro)	Leine-Serie, Ronnenberg-Gruppe
Steinsalz, weiß 20,69	↓	Steinsalz, gelblich, mit Anhydritflocken		Steinsalz, rötlich	Steinsalz, gelblich u. grau, mit 30 bis 40° einfallenden Anhydritstreifchen, auch mit Kieserit	Steinsalz mit Anhydrit	Steinsalz, weiß 27,05 m	Steinsalz, überwiegend orangefarben, geschichtet, mit Anhydritfolien 44,40 m	↓	↓	↓	Orangesalz (Na 3γ)	Leine-Serie, Ronnenberg-Gruppe
Steinsalz, rötlichgelb 2,40 m ↓	↓	11,72 m ↓		20,05 m ↓	90,57 m ↓	101,91 m ↓	Steinsalz, rotgelb, rot, weiß u. gelbgrau u. graugelb, mit Anhydritstreifchen 64,60 m ↓	Steinsalz mit Anhydritlagen u. -bänken 6,50 m	↓	↓	↓	Liniensalz (Na 3β)	Leine-Serie, Ronnenberg-Gruppe
↓	↓	↓		↓	↓	↓	↓	Steinsalz mit rotem Ton u. bituminösem Anhydrit 1,90 m	↓	↓	↓	Basissalz (Na 3α)	Leine-Serie, Ronnenberg-Gruppe

↓	glanzschüppchen 35,40 m Anhydrit, durch Dolomit verunreinigt 23,10 m	Baryt, unten teilweise dünnschichtig 42,49 m	spuren, z. T. dolomitisch u. Koenenit, Einfallen 30° 84,0 m	↓	↓	↓	↓	Anhydrit, undeutlich flaserig, mit wechselndem Salzgehalt 2,63 m Anhydrit, mit tonigen Lagen u. mit Salzgehalt (u. a. Carnallit) 5,37 m Anhydrit, mit Tonhäuten, ohne Salzgehalt 3,10 m Anhydrit, mit Tonhäuten u. -flocken, mit Carnallitgehalt, Einfallen ca. 25° 2,60 m	partienweise durchsetzt mit dolomitisch-bituminösen Bestegen 10,15 m Anhydrit, überwiegend mit dolomitisch-bituminösen Bestegen, unten flaserig und mit Dolomit 13,94 m Anhydrit wie vor, z. T. strahlig, z. T. undeutlich dolomitisch flaserig, unten gipshaltig 5,22 m Anhydrit wie vor, mit Dolomitflasern, Gipsgehalt zunehmend 2,77 m	regelmäßig verflasert mit Gips, mit wenigen tonigen Flasern, schwach bituminös, z. T. schwach kalkhaltig 6,69 m Anhydrit wie vor, ± gipshaltig, mit Restbitumina 9,70 m Anhydrit wie vor, flaserig durch Dolomitmergelstein, Einfallen 10° 6,70 m Anhydrit, ± wolkig u. fleckig durch Dolomitmergelstein, unten ± gipshaltig, bituminös 8,25 m Gips, flaserig u. fleckig durch Dolomitmergelstein, anhydrithaltig, Einfallen 5–20° 0,85 m	↓		
Anhydrit mit rotem Steinsalz u. schwarzen Letten 4,99 m	schwarzer geschichteter Salzton mit Anhydritlage, Schichtung schwach geneigt 4,30 m	schwarzblaue schiefrige Mergel mit Lagen kristallinen Kalksteins, fossilführend, mit Lagen von Anhydrit 4,60 m	schwarzgrauer anhydritführender Salzton 1,20 m	Anhydrit mit Salzton u. Kalispuren, Einfallen 30° 1,85 m	mürber, dolomitischer, kalkhaltiger Ton, z. T. anhydritischer Mergelschiefer u. grauer Salzton, Einfallen 30° 3,00 m	Salzton, kalihaltig 3,77 m	dunkelgrauer schiefriger mürber Mergel (Dolomitmergel) 3,66 m	Tonstein, grau, dolomitisch, mit Anhydritknoten 1,88 m Tonstein, schluffig, überwiegend plattig, Einfallen 10–15° 0,82 m	Dolomit, mit Gipslage u. -flasern 1,42 m Dolomit 0,04 m Tonstein, schluffig, flaserig, dolomitisch 0,66 m Dolomit 0,10 m Tonstein wie vor 0,17 m Dolomit 0,09 m Tonstein wie vor 0,39 m Dolomit 0,45 m Schluffstein, glimmerig, mürbe 0,28 m Tonstein wie vor, mit Gips 1,42 m	Gips, mit konglomeratisch eingelagertem Dolomitmergelstein 0,60 m Tonstein, flaserig, glimmerig, gipshaltig, dolomitisch, Einfallen ca. 20° 0,32 m Dolomit 0,06 m Tonstein, dolomitisch 0,13 m Dolomitmergelstein 0,05 m Gips, wechselnd mit Dolomitmergelstein 0,20 m Tonstein, stark schluffig, Einfallen 10–15° 0,44 m Schluffstein, fest, tonig, Einfallen 35°, z. T. gefältelt 0,10 m Tonstein, stark schluffig, mürbe 0,57 m Gips in Wechsellagerung mit Tonstein 1,15 m	Tonstein, Dolomitmergelstein, Schluffstein mit Dolomit und Gips 3,10 m	Grauer Salzton (T 3)	
↓	↓	↓	↓	↓	dichter Anhydrit, z. T. brekzienhaft	Anhydrit 2,03 m	dichter Anhydrit mit Salzton 0.50 m	Anhydrit, z. T. wechselnd mit Ton, z. T. Anhydrit-Ton-Brekzie 1,35 m	Anhydrit mit Gips 7,40 m	Anhydrit mit Gips 9,00 m	Anhydrit mit Gips 7,60 m	Gebänderter Deckanhydrit (A 2r) bzw. Sangerhäuser Anhydrit	Staßfurt-Serie

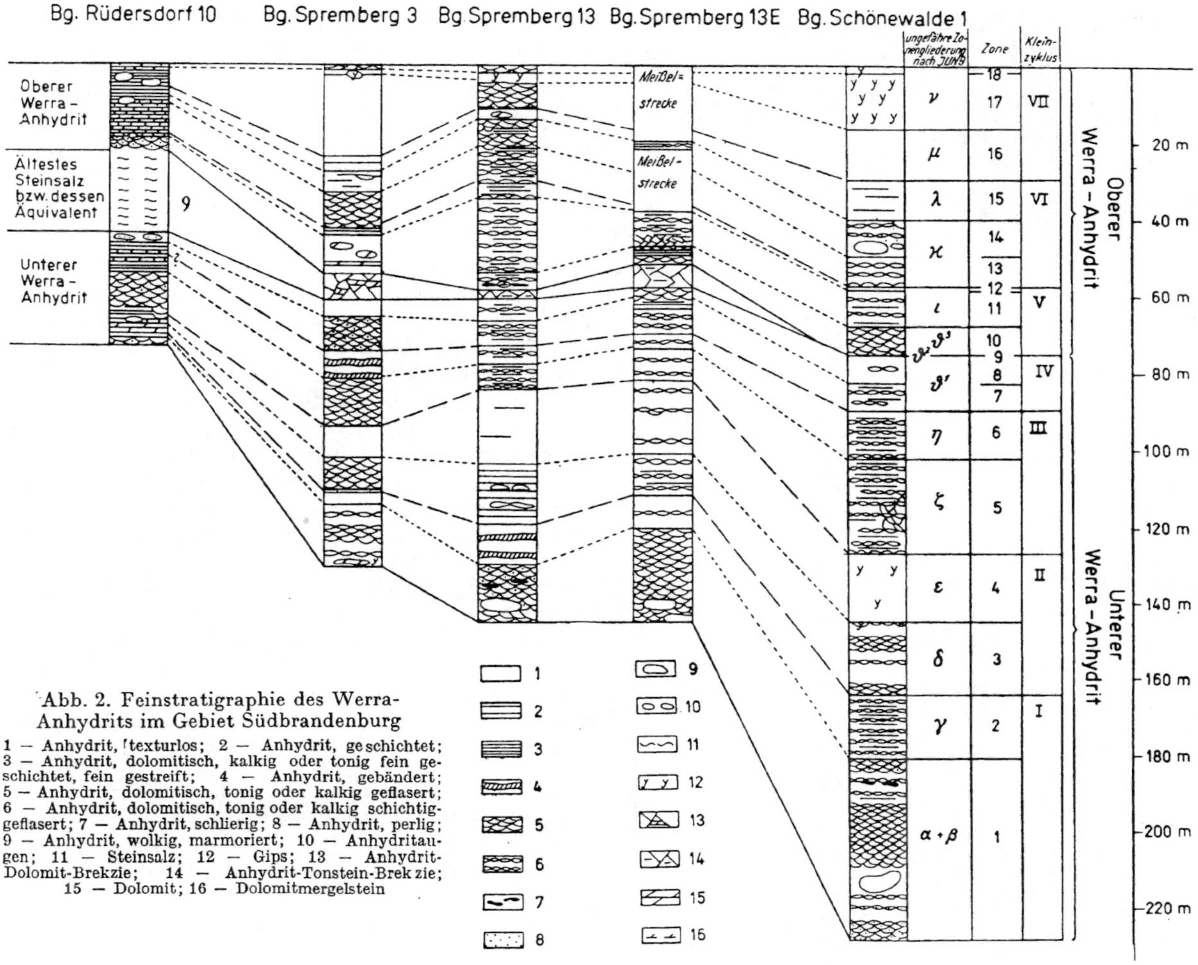

Abb. 2. Feinstratigraphie des Werra-Anhydrits im Gebiet Südbrandenburg

1 – Anhydrit, texturlos; 2 – Anhydrit, geschichtet; 3 – Anhydrit, dolomitisch, kalkig oder tonig fein geschichtet, fein gestreift; 4 – Anhydrit, gebändert; 5 – Anhydrit, dolomitisch, tonig oder kalkig geflasert; 6 – Anhydrit, dolomitisch, tonig oder kalkig schichtig-geflasert; 7 – Anhydrit, schlierig; 8 – Anhydrit, perlig; 9 – Anhydrit, wolkig, marmoriert; 10 – Anhydritaugen; 11 – Steinsalz; 12 – Gips; 13 – Anhydrit-Dolomit-Brekzie; 14 – Anhydrit-Tonstein-Brekzie; 15 – Dolomit; 16 – Dolomitmergelstein

Im Bereich des Anhydritwalls bei Spremberg und Schönewalde ist die texturelle Prägung verschwommener und nicht so scharf wie im Beckenbereich bei Rüdersdorf. Es lassen sich aber auch hier diese Kleinzyklen deutlich unterscheiden, und zwar entsprechen den Horizonten des fein geschichteten und gestreiften Anhydrits bei Rüdersdorf, bei Spremberg und Schönewalde meist Lagen eines kompakten texturlosen bzw. eines mehr oder weniger geschichteten bis schichtig-flaserig ausgebildeten Anhydrits, während die darunter folgenden Anhydritpartien eine mehr oder weniger starke dolomitische und tonige, zum Teil unregelmäßige Flaserung, Marmorierung und zum Teil perlige und wolkige Ausbildung aufweisen. Bei Schönewalde weist der obere Teil des Oberen Werra-Anhydrits durchgehend eine kompakte, meist glasige, teilweise schwach geschichtete Ausbildung auf und ist zum Teil stark vergipst, so daß sich Zyklus VI und VII nicht wesentlich voneinander unterscheiden. Die Grenze zwischen Oberem und Unterem Werra-Anhydrit liegt zwischen Zyklus IV und V bzw. zwischen den Horizonten 8 und 10. Äquivalente des Werra-Steinsalzes (Horizont 9) fehlen primär. Die stark vergipste Zone, die ursprünglich als Steinsalzäquivalent betrachtet wurde (F. KÖLBEL 1958), fällt jetzt in den unteren Teil des Unteren Werra-Anhydrits, in Zyklus II.

In Südostbrandenburg sind Steinsalzäquivalente, bestehend aus einer 1,8 m bis über 6 m mächtig werdenden brekziösen Zone aus teilweise salzig schmeckendem Anhydrit mit Dolomit bzw. Tonstein, nur auf dem Scheitel der Struktur Mulkwitz bei Spremberg vertreten. Im Bereich der Flanken setzt bereits das Werra-Steinsalz ein.

Die rhythmische Gliederung des Werra-Anhydrits bei Rüdersdorf, Spremberg und Schönewalde, also über ein Gebiet von 120 × 90 × 90 km, kann wohl kaum auf epirogenetische Einflüsse zurückzuführen sein. Es sei noch bemerkt, daß der von Rüdersdorf ca. 200 km entfernt liegende Werra-Anhydrit der Bohrungen bei Oebisfelde die gleichen Gesetzmäßigkeiten im Hinblick auf den Rhythmus aufweist. Wie W. JUNG (1958) für den Werra-Anhydrit des Sangerhäuser Raumes darlegt, dürften auch in Südbrandenburg und angrenzenden Gebieten klimatische Faktoren für die verschiedenartige texturelle Ausbildung des Werra-Anhydrits ausschlaggebend gewesen sein. Innerhalb des Beckenbereiches sind die Texturen prägnanter als in der Nähe und im Bereich des Anhydritwalls in verhältnismäßig gut durchlüftetem Wasser, wo sie mit dem Anschwellen der Anhydritmächtigkeiten undeutlicher werden, verschwimmen und schließlich völlig fehlen können.

Die verhältnismäßig großen Mächtigkeiten des Werra-Anhydrits bei Spremberg und vor allem bei Bornsdorf und Schönewalde mit insgesamt 131 m bis 142 m bzw. 232 m bis über 240 m lassen die karbonatische Randzone weiter südlich vermuten, wo sie jedoch der Ab-

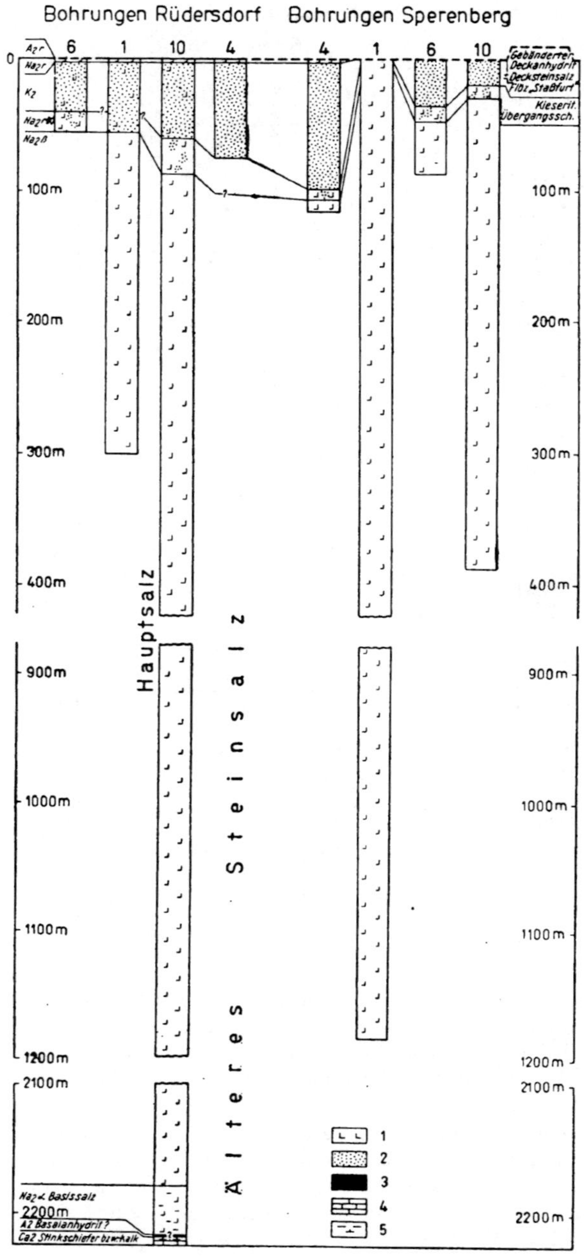

Abb. 3. Staßfurt-Serie

1 — Steinsalz; 2 — Kalisalz; 3 — Anhydrit; 4 — Kalkstein; 5 — Schiefermergel, Schieferton

tragung anheimgefallen sein dürfte. Lediglich in der Bohrung Spremberg 29 sind Anhydrit und Zechsteinkalk (Dolomit) gleich mächtig (F. KÖLBEL 1958).

Zechstein 2 oder Staßfurt-Serie (Tab. 2, Abb. 3 und 6)

Schichten dieser Serie wurden bei Rüdersdorf, Sperenberg, Spremberg, Schönewalde und wahrscheinlich auch bei Blankensee und Mittenwalde nachgewiesen.

Eine Zone überwiegender Karbonat- und Sulfatgesteine mit fehlendem Staßfurt-Steinsalz liegt im Bereich des Strukturscheitels bei Spremberg vor, wo 21,53 m bis 29,90 m Hauptdolomit von 18 m bis 23,60 m Staßfurt-Anhydrit überlagert werden. Im Bereich der Flanken setzt bereits das Staßfurt-Steinsalz ein.

Der bei Spremberg meist als Dolomit ausgebildete Hauptdolomit ist mehr oder weniger geschichtet und weist im unteren Teil manchmal eine stinkschieferähnliche Fazies auf. Bei Schönewalde unterlagert er, bestehend aus einer Wechsellagerung aus Dolomit und Kalkstein, unmittelbar das Tertiär und ist über 39 m mächtig.

Im Bereich des Scheitels der Struktur Mulkwitz besteht der mächtige Staßfurt-Anhydrit aus einer Anhydrit- und Gipsfolge, die in der Bohrung Spremberg 13 in den untersten 14 m mit Dolomitmergelsteinlagen und -bänken wechselt. In der Bohrung Spremberg 3 fehlen zwar diese dolomitischen Zwischenlagen in den unteren 9,55 m eines teilweise geschichteten Anhydrits fast völlig, jedoch trennt in beiden Bohrungen eine 1,05 m bzw. 0,6 m mächtige Dolomit- bzw. Dolomitmergelsteinbank die untere von der oberen Anhydritfolge. Letztere setzt sich zusammen aus einem 7,4 m bis 9 m mächtigen mehr oder weniger geflaserten und bituminösen tonsteinhaltigen Anhydrit mit Gipseinschaltungen. Nach Vergleich der texturellen Beschaffenheit des Staßfurt-Anhydrits, die bei Oebisfelde ähnliche Merkmale aufweist, ist der untere Teil dem Basalanhydrit und der obere Teil dem Gebändertem Deckanhydrit bzw. Sangerhäuser Anhydrit zuzuordnen.

In das Zentralgebiet mit überwiegenden Salzgesteinen und Kalisalzentwicklung gehören Rüdersdorf und Sperenberg. Bei Rüdersdorf scheint der Basalanhydrit primär zu fehlen; denn unmittelbar über 6,23 m Stinkschiefer bzw. Stinkkalk stellen sich über 37 m Basissalz ein. Steilstellung und Fältelung des Hauptsalzes, das mit über 2178 m scheinbarer Mächtigkeit durchbohrt wurde, machen die Ermittlung der wahren Mächtigkeit unmöglich. In den Bohrungen Sperenberg 1 und 10 war dieses ebenfalls steil einfallende Steinsalz mit 1182 m bzw. 401 m nicht durchbohrt worden. Die bei Rüdersdorf und Sperenberg 8,9 m bis über 25 m mächtigen kieseritischen Übergangsschichten, meist eine Steinsalzfolge mit Kieserit- und zum Teil mit Carnallitlagen, leiten über zu dem Kaliflöz „Staßfurt", einer 19,5 m bis über 95 m mächtigen, zum Teil steil einfallenden Serie aus Kalisalzen, wie Carnallit, teilweise mit Steinsalz oder Steinsalz mit Carnallit und Kieserit. In der mächtigen Steinsalzfolge der Bohrung Sperenberg 1, die vom Hutgips überlagert wird, hat anscheinend eine Auslaugung der Kalisalze stattgefunden. Die Staßfurt-Serie schließt bei Rüdersdorf mit den geringmächtig entwickelten Zonen des Decksteinsalzes und des Gebänderten Deckanhydrits ab. In den Schichtenverzeichnissen der Bohrungen Sperenberg, 4, 6, 8, 9 und 10 wurden diese Zonen anscheinend nicht ausgeschieden, sondern mit dem Grauen Salzton zusammengefaßt, so daß eine scharfe Trennung zwischen Staßfurt- und Leine-Serie nicht möglich ist.

Nicht sicher ist das Alter des in den Salzstöcken Blankensee und Mittenwalde angebohrten Salzes. Da jedoch das Auftreten von Salzstöcken überhaupt auf das Vorhandensein besonders mächtiger Salzablagerungen hindeutet, ist anzunehmen, daß die Salze der Staßfurt-Serie als die bedeutendsten maßgebend beteiligt sind.

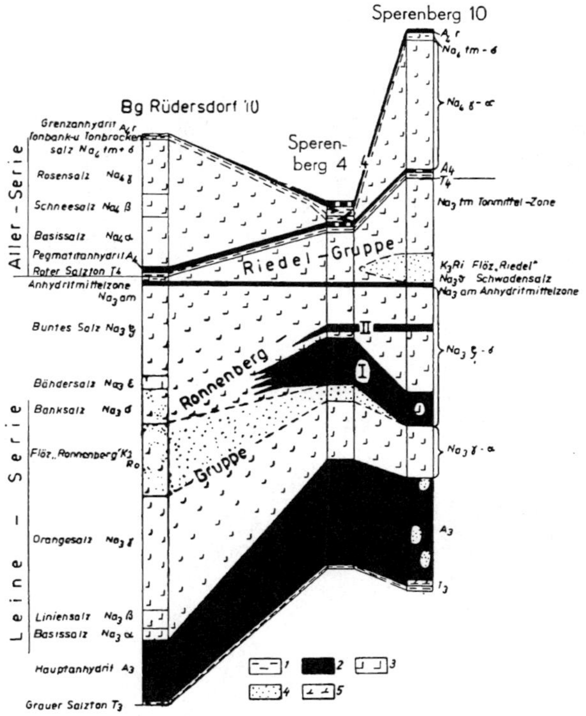

Abb. 4. Gliederung der Aller- und Leine-Serie

1 — Ton, Tonstein, Schieferton; 2 — Anhydrit; 3 — Steinsalz; 4 — Kalisalz; 5 — dolomitische Mergel

Zechstein 3 oder Leine-Serie (Tab. 3, Abb. 4 bis 6)

Bei Spremberg weist der obere Teil des dort insgesamt 3,10 m bis über 5 m mächtigen Grauen Salztones Dolomit- und Dolomitmergelsteineinschaltungen auf, während im unteren Teil — ähnlich wie bei Rüdersdorf — eine mehr schluffige Ausbildung charakteristisch ist. Spremberg lag noch im Bereich der Hauptanhydritentwicklung. Die Saumfazies des Plattendolomits dürfte noch weiter südlich gelegen haben, wo sie der Abtragung anheimgefallen ist.

Die fast gleichbleibenden bzw. nur wenig wechselnden Mächtigkeiten von Grauem Salzton und Hauptanhydrit bei Rüdersdorf und Spremberg, die nur zwischen 2,70 m und ca. 5 m bzw. 22,50 m und ca. 39 m variieren, sprechen für eine Verflachung des Beckens im zentralen Teil, genau wie dolomitische Einschaltungen im Hauptanhydrit, die fast immer zu finden sind.

a) Die Ronnenberg-Gruppe bei Rüdersdorf und Sperenberg

Auffälligerweise erlangt der Hauptanhydrit im Beckenbereich bei Sperenberg teilweise Mächtigkeiten von über 96 m bis über 103 m, die — wenn sie auch durch steileres Einfallen von teilweise etwa 30° bedingt sind — doch erheblich von den bisher bekannten Mächtigkeiten in Südbrandenburg und im Gebiet Mansfeld — Sangerhausen abweichen. Möglicherweise vertritt ein Teil dieses Anhydrits bereits die an sulfatischen Komponenten reiche Ronnenberg-Gruppe, worauf auch Kalisalzeinschaltungen im Hauptanhydrit hindeuten könnten, so daß z. B. in der Bohrung Sperenberg 6 oberhalb des „Hauptanhydrits" überhaupt nur 10,44 m der Ronnenberg-Gruppe salinar ausgebildet sind. In den Bohrungen Sperenberg 4, 8 und 10 wird der über 41 m bis scheinbar über 103 m mächtig werdende Hauptanhydrit von ca. 11,7 m bis ca. 28,5 Steinsalz überlagert, dem eine Anhydritbank von ca. 5,5 m bis ca. 18,8 m Mächtigkeit folgt. Da in der Bohrung Sperenberg 4 unterhalb dieser Anhydritbank innerhalb des Steinsalzes durch Einschaltungen von Kieserit Hinweise auf das Flöz „Ronnenberg" gegeben sind, ergibt sich die Einstufung der Gesteine unterhalb dieses Anhydrits in die Horizonte des Basis-, Linien- und Orangesalzes und darüber in ca. 38,6 m bis 65,4 m in Bank-, Bänder- und Buntes Salz.

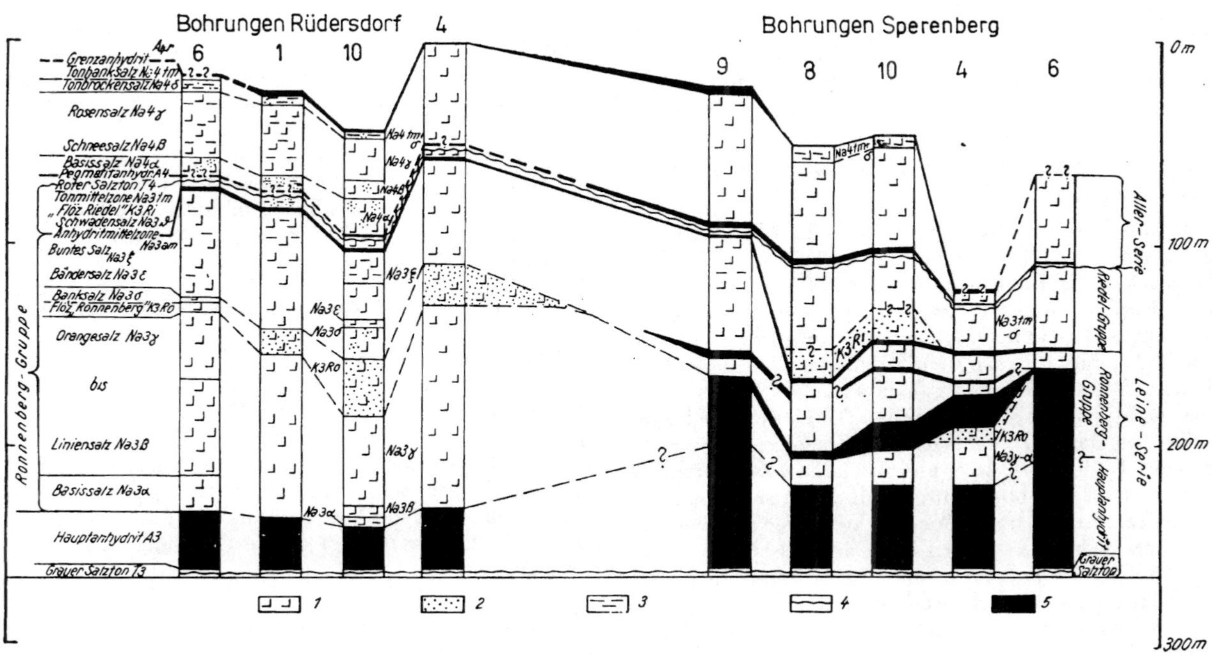

Abb. 5. Faziesprofile der Aller- und Leine-Serie

1 — Steinsalz; 2 — Kalisalz; 3 — Tonstein, Schieferton, Letten; 4 — Grauer und Roter Salzton; 5 — Anhydrit

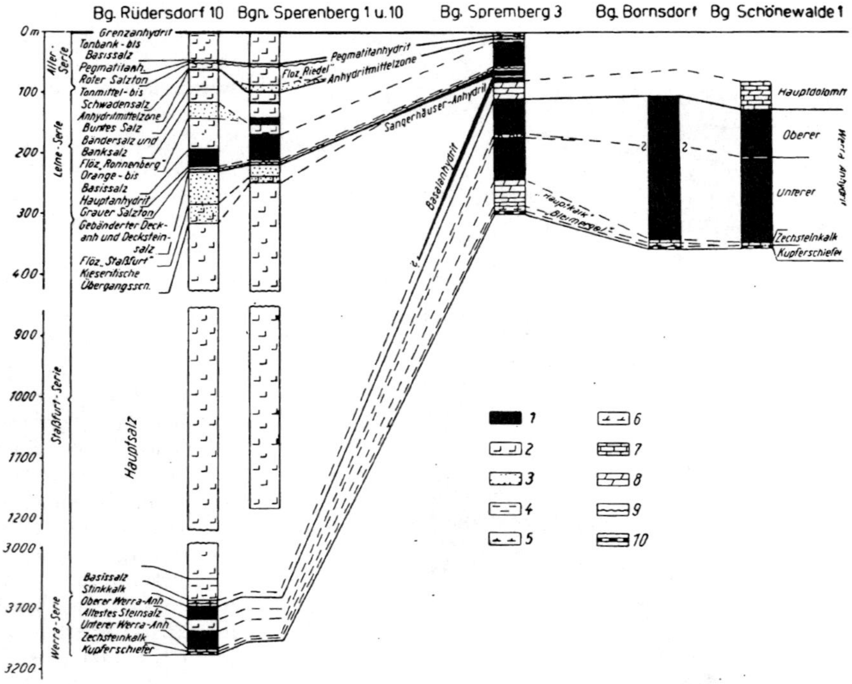

Abb. 6. Werra-, Staßfurt-, Leine- und Aller-Serie im Gebiet Südbrandenburg
1 — Anhydrit, Gips; 2 — Steinsalz; 3 — Kalisalz; 4 — Tonstein, Schieferton, Letten; 5 — Schiefermergel, Kalkmergelstein; 6 — Dolomitmergelstein; 7 — Kalkstein; 8 — Dolomit; 9 — Roter und Grauer Salzton; 10 — Kupferschiefer bzw. -mergel

Bei Rüdersdorf ist die gesamte Ronnenberg-Gruppe mit 135 m bis ca. 173 m Mächtigkeitsalinar ausgebildet. Bei Sperenberg beträgt der salinare Anteil einschließlich der Anhydritzwischenlagen oberhalb des „Hauptanhydrits" 10,4 m bis 72,7 m. Das Kaliflöz „Ronnenberg" ist bei Rüdersdorf durchgehend oder zumindest andeutungsweise vorhanden.

b) Die Riedel-Gruppe bei Rüdersdorf und Sperenberg

Die Anhydritmittelzone, die die Riedel-Gruppe einleitet, wird bei Rüdersdorf und Sperenberg von einem 0,75 m bis 2,40 m mächtigen, teilweise pegmatitischen Anhydrit gebildet. Andeutungen bzw. Hinweise auf das Flöz „Riedel" sind nur in den Bohrungen Rüdersdorf 1, 6, Sperenberg 10 und vielleicht auch Sperenberg 8 gegeben. In der Bohrung Sperenberg 8 soll ein fraglicher Kieseritgehalt vorgelegen haben. Der gesamte salinare Anteil der Riedel-Gruppe beträgt bei Rüdersdorf maximal nur 8 m und weist tonige Einschaltungen auf. Bei Sperenberg dagegen liegen ca. 19 m bis über 55 m Steinsalz vor. In der Bohrung Sperenberg 9 ist die Riedel-Gruppe allerdings anscheinend völlig unterdrückt, was aber auch auf sekundäre Ursachen zurückzuführen sein kann.

Die Mächtigkeitsschwankungen innerhalb der Ronnenberg- und Riedel-Gruppe sind — im großen und ganzen gesehen — zum Schluß der Leine-Serie wieder ausgeglichen, so daß sich für die Leine-Serie Gesamtmächtigkeiten von ca. 135 m bis 178 m bei Sperenberg und über 165 m bis ca. 211 m bei Rüdersdorf ergeben.

Zechstein 4 oder Aller-Serie bei Rüdersdorf und Sperenberg (Tab. 4, Abb. 4 bis 6)

0,4 bis 1,70 m Roter Salzton leiten die Aller-Serie ein. Es folgen 1 bis 3,5 m Pegmatitanhydrit. In den Schichtenprofilen der Bohrungen Rüdersdorf 1, 4 und 6 wird der Pegmatitanhydrit zwar nicht erwähnt, jedoch schließt seine weite regionale Verbreitung und die Tatsache, daß er in sämtlichen anderen Bohrungen vorhanden ist, ein primäres Fehlen aus. Der Schwerpunkt der Halitphase lag im untersten Teil des Aller-Steinsalzes, im Basissalz, das nach den Ergebnissen der Bohrungen Rüdersdorf 4, 6 und 10 kali- bzw. carnallithaltig ist. Weiter oben, im Niveau des Schnee- und vor allem Rosensalzes, treten Toneinschaltungen auf. Schließlich herrschen in den Horizonten des Tonbrocken- und Tonbanksalzes Tonsteine und Letten vor. Kieseriteinschaltungen und -schlieren im Tonbrockensalz in den Bohrungen Rüdersdorf 1 und 10 deuten das Flöz „Ottoshall" an. Das insgesamt 42,6 m bis wahrscheinlich ca. 65 m mächtige Aller-Steinsalz weist in den Bohrungen Sperenberg 4 und 5 Auslaugungsprofile auf und ist dementsprechend bis auf 7,7 m bzw. 6,4 m reduziert. Ein Teil davon dürfte noch auf den Horizont des Grenzanhydrits entfallen. Die Bohrung Sperenberg 7 wurde anscheinend im oberen Niveau des Aller-Steinsalzes, etwa im Rosensalz, beendet.

Der Grenzanhydrit, der mit 0,4 m bis 5,15 m in wechselnden Mächtigkeiten vorliegt, ist nur im Schichtenprofil der Bohrung Rüdersdorf 6 nicht erwähnt. In der Bohrung Sperenberg 6 könnte er möglicherweise als „Faseranhydrit" mit den Oberen Letten zusammengefaßt worden sein.

Die Gesamtmächtigkeiten der Aller-Serie bis einschließlich Grenzanhydrit liegen bei Rüdersdorf zwischen 50,85 m und 55,2 m, bei Sperenberg, wenn man von den Auslaugungsprofilen absieht, zwischen 45,1 m und wahrscheinlich 70,5 m. Die größeren Mächtigkeitsschwankungen bei Sperenberg sind zum Teil durch ein Schichtfallen von 15°—30° und 45,° z. B. in der Bohrung Sperenberg 9, bedingt.

c) Ronnenberg- und Riedel-Gruppe sowie die Aller-Serie bei Spremberg

Während im Beckenbereich die salinare Sedimentation überwiegt, herrschen im Randgebiet bei Spremberg klastische Sedimente vor. Eine nur ca. 3 m bis 4,2 m mächtige Wechsellagerung aus dunkel- bis lilabraunen Tonsteinen und Schiefertonen mit Gips vertritt die Ronnenberg- und Riedel-Gruppe sowie den Roten Salzton, den Pegmatitanhydrit und das Aller-Salz. Eine 1 m bis 1,55 m starke Gipsbank bildet den Grenzanhydrit.

Die Bröckelschiefer des Unteren Buntsandsteins bzw. die Oberen Letten des Zechsteins

Nach RICHTER-BERNBURG endet der Zechstein mit dem Grenzanhydrit. Da diese Grenzziehung in Süd-

Bohrungen Sperenberg							Bohrungen Rüdersdorf				Bohrungen Spremberg			
4	5	6	7	8	9	10	1	4	6	10	3	13	13 E	Gliederung
roter Schieferletten mit Gips und Anhydrit 31,18 m	blauer u. roter Schieferletten mit Gipsschnüren 21,06 m braunroter Letten mit Gips und Anhydrit 28,07	braunrotes Tongestein mit Faseranhydrit 38,46 m	braunroter glimmerreicher Schieferletten mit Anhydritknöllchen u. braunroten u. blaugrauen Letten 28,97 m	roter Letten mit Anhydritknollen 36,53 m	roter Letten mit Anhydrit, Einfallen 15–30° 30,70 m	rotes Tongestein oder sandige Letten mit Gips u. Anhydrit 38,28 m	roter Schieferletten mit Anhydrit 36,37 m	roter Letten mit Anhydrit 26,25 m	roter Letten mit Anhydritknöllchen 33,19 m	Tonstein, z. T. Schieferton, überwiegend rotbraun, unten anhydrit- u. gipshaltig 26,50 m	Tonstein, braun bis lilabraun, ± schluffig, mit Gips 6,35	Tonstein, z. T. Schieferton, braun bis dunkelbraun, mit Gips 8,45 m	Tonstein, mit Gips, (nach Bohrlochmessung) 17,00 m	Bröckelschiefer des Unteren Buntsandsteins bzw. Obere Letten des Zechsteins (Aller-Serie)
Salzton mit Anhydrit 7,73 m	roter und grauer Salzton mit Anhydrit 6,40 m	↓	Anhydrit, alabasterartig 5,15	rötlicher feinkörniger Anhydrit 0,80 m	Anhydrit 3,34 m	Anhydrit u. Schieferletten 0,95 m	roter Ton mit Anhydrit 2,98 m	Anhydrit 1,50 m	↑	Anhydrit, stark vergipst 0,40 m	Gips, wechselnd mit Tonstein 1,23 m	Gips mit Tonstein 1,55 m	Gips (nach Bohrlochmessung) 1,00 m	Grenzanhydrit (A 4 r)
↓	↓	rötliches körniges Steinsalz 42,64	roter Bröckelletten mit Anhydrit 1,92 m	rotes Tongestein mit Steinsalzeinschlüssen 5,65 m	rötliches Steinsalz, Einfallen unten 45° 65,06 m	rotes massiges Tongestein mit Würfeln von wasserklarem kompaktem Steinsalz 3,32 m	rotes u. farbloses Steinsalz mit roten Letten, mit Anhydrit u. Kieserit 37,41 m	Steinsalz 52,00 m	Steinsalz, rot u. weiß, mit Anhydrit u. rote Letten 1,31 m	rotbrauner Tonstein mit Gipskristallen u. Anhydritknoten 0,70 m	Tonstein, dunkel- bis lilabraun, gipshaltig 0,10 m	Tonstein, braun bis dunkelbraun 0,20 m	Tonstein und Gips < 4,20 m	Tonbanksalz (Na 4 tm)
↓	↓	↓	↓	↓	↓	↓	↓	↓	roter Schieferletten mit rotem Steinsalz 5,70 m	Tonstein wie vor, mit Steinsalzkristallen, Anhydritknoten u. Kieseritschlieren 1,00 m	↓	↓	↓	Tonbrockensalz (Na 4δ) [Kaliflöz „Ottoshall" (K 4)]
↓	↓	↓	rotes klares Steinsalz > 1,77	wasserklares bis lebhaft rotes Steinsalz mit Anhydrit 47,06 m	↓	rötliches Steinsalz mit Anhydrit 48,60 m	↓	↓	rotes u. gelbes Steinsalz mit rotem Ton u. Anhydritstreifen 31,00 m	Steinsalz, orangefarben, rotbraun, mit Tonbrocken u. -flocken u. Anhydrit 20,95	↓	↓	↓	Rosensalz (Na 4γ)
↓	↓	↓		↓	↓	↓	↓	↓		Steinsalz, rötlich bis gelblichbraun, mit Anhydrit 9,95 m	↓	↓	↓	Schneesalz (Na 4β)
↓	↓	↓		↓	↓	↓	rötlichgelbes Steinsalz mit Anhydrit, kalihaltig 8,76 m	↓	weißgraues Steinsalz u. Anhydrit mit Carnallitspuren 12,30 m	Steinsalz, rötlich u. gelbbraun, mit Anhydrit mit Carnallitlagen 15,30 m	↓	↓	↓	Basissalz (Na 4α)
Anhydrit mit	Anhydrit, alabasterähnlich 2,20 m	Anhydrit mit eingewachsenem Steinsalz 1,50 m		Anhydrit u. Steinsalz, pegmatitisch verwachsen 3,52 m	Anhydrit mit Salz 1,20 m	Anhydrit mit Steinsalz und	?	?	?	Anhydrit, pegmatitisch 1,00 m	Gips 1,30 m	Gips mit Tonstein 0,75 m	↓	Pegmatitanhydrit (A 4)
rotem Ton 3,41 m	roter Salzton mit Anhydrit 1,39 m	Salzton, rot, plastisch 0,96 m		roter plastischer Salzton 0,40 m	roter plastischer Salzton 0,90 m	rotem Ton 3,95 m	roter plastischer Ton 1,70 m	roter Ton 1,70 m	roter Salzton 2,00 m	Ton, rotbraun, mit Anhydrit und Steinsalz 2,30 m	Tonstein wie oben, mit Gips <0,80 m	Tonstein wie oben, mit Gips < 0,90 m	↓	Roter Salzton (T 4)

brandenburg, vor allem im Bereich des Beckenaußenrandes, in dem klastische Sedimente vorherrschen, auf Schwierigkeiten stößt, werden die Schichten oberhalb des Grenzanhydrits, die Gipseinschaltungen aufweisen, noch als Zechstein aufgefaßt. Danach entsprechen bei Spremberg 6,35 m bis 17 m mehr oder weniger schluffige, dunkel- bis lilabraune Tonsteine und Schiefertone mit Gipseinlagerungen den Oberen Letten des Zechsteins bzw. den Bröckelschiefern des Unteren Buntsandsteins. Bei Rüdersdorf und Sperenberg ist dieser Horizont, bestehend aus Letten, Schieferletten, Tonsteinen und Schiefertonen mit Anhydrit und Gips, 26,25 m bis über 49 m mächtig.

Zusammenfassung

Südlich und südöstlich von Berlin sind innerhalb der einzelnen Serien des Zechsteins tonige, karbonatische, sulfatische, chloridische und abschließend wieder sulfatische Sedimente entwickelt. In diesem Zentralgebiet kamen auch Kalisalzausscheidungen zur Ablagerung.

Im südlichen und südöstlichen Teil von Brandenburg, bei Bornsdorf—Schönewalde und Spremberg, herrschen in der Werra-Serie sulfatische Sedimente vor. Steinsalzäquivalente finden sich im Bereich des Scheitels der Struktur Mulkwitz bei Spremberg, während an den Flanken bereits die Salzentwicklung einsetzt. Die Staßfurt-Serie bei Spremberg ist durch eine mehr karbonatische Entwicklung gekennzeichnet. Grauer Salzton und Hauptanhydrit erstrecken sich im allgemeinen über das gesamte Gebiet von Südbrandenburg in fast gleichbleibender Ausbildung und Mächtigkeit. In der Ronnenberg- und Riedel-Gruppe sowie in der Aller-Serie herrschen bei Spremberg klastische Sedimente vor, während im zentralen Beckenbereich die salinare Sedimentation überwiegt.

Резюме

Южнее и юговосточнее Берлина среди отдельных свит цехштейна развиты глинистые, карбонатные, сулфатные, хлоридные и в заключение опять сульфатные осадки. В этой центральной области отлагались и осадки калийных солей.

В южной и юговосточной части Бранденбурга, у сел Борнсдорф—Шеневальде и г. Шпремберга, в свите Верра преобладают сульфатные осадки. Эквиваленты каменной соли встречаются в участке свода структуры Мульквитц около Шпремберга, между тем как у крыльев уже наблюдается развитие соли. Свита Штасфурт около Шпремберга характеризуется более карбонатным развитием. Серая соляная глина и главный ангидрит в общем распространяются по всей области Южного Бранденбурга в почти неизменяющемся развитии и мощности. В группах Ронненберг и Ридель, а также в свите Аллер около г. Шпремберга преобладают обломочные осадки, между тем как в центральном участке бассейна преобладает седиментапия солей.

Summary

South and southeast of Berlin, clayey, carbonate, sulphate, chloridic and, finally, sulphate sediments again are developed within the individual series of the Zechstein. In this central area precipitations of potash salt have also been aggraded.

In the southern and southeastern part of Brandenburg, near Bornsdorf—Schönewalde and Spremberg, sulphate sediments prevail in the Werra series. Rock salt equivalents are found in the top of the Mulkwitz structure near Spremberg, whereas at the flanks the saline deposit already begins. The Staßfurt series near Spremberg is characterized by a more carbonated development. Grey salt clay and main anhydrite generally extend over the whole area of South Brandenburg in almost equal formation and thickness. In the Ronnenberg and Riedel group as well as in the Aller series near Spremberg clastic sediments predominate, where as saline sedimentation prevails in the central part of the basin.

Literatur

Fliegel, G.: Erläuterungen zur geologischen Karte von Preußen und benachbarten Bundesstaaten, Blatt Sperenberg. — Lief. 243, Vertrieb der preuß. geol. Landesanst., Berlin 1924.

Jung, W.: Zur Feinstratigraphie der Werra-Anhydrite (Zechstein 1) im Bereich der Sangerhäuser und Mansfelder Mulde. — Geologie, **7**, Beih. Nr. 24, Berlin 1958.

Kölbel, F.: Das Prätertiär der Struktur von Mulkwitz bei Spremberg nordöstlich des Lausitzer Hauptabbruches. — Geologie, **7**, S. 676—681, Berlin 1958 [1958a].

— Zur Stratigraphie und Erzführung des Zechstein 1 (Werra-Serie) in Südbrandenburg und in der Subsudetischen Zone. — Z. angew. Geol., **4**, S. 504—508, Berlin 1958 [1958b].

Kölbel, H.: Das wissenschaftliche Ergebnis einer neuen Tiefbohrung bei Rüdersdorf östlich von Berlin (vorläufige Mitteilung). — Geologie, **3**, S. 453, Berlin 1954.

Richter-Bernburg, G.: Stratigraphie und Gliederung des deutschen Zechsteins. — Z. deutsch. Geol. Ges., **105**, Jg. 1953, 4. Teil, S. 843—854. Hannover 1955.

Wahnschaffe, F., & E. Zimmermann: Erläuterungen zur geologischen Karte von Preußen und benachbarten Bundesstaaten, Blatt Rüdersdorf. — Lief. 26, Vertrieb der kgl. geol. Landesanst, Berlin 1914.

Zimmermann, E.: Schichtenverzeichnisse der Bohrungen Rüdersdorf 1, 4, 6 und Sperenberg 1 bis 10. — Unveröff., Archiv der Staatl. Geol. Kom., Berlin 1895—1902.

— Bohrung Bornsdorf, Schichtenverzeichnis. — Unveröff., Archiv der Staatl. Geol. Komm., Berlin 1921.

Zur Genese der Kupferlagerstätten in der nordsudetischen Senke[1)]

Stanislaw Lisiakiewicz, Warszawa

Wie viele andere Wissenschaftler, die eine sedimentäre Herkunft der Kupferlagerstätten annehmen, unterlag auch E. Konstantynowicz der Ansicht H. Schneiderhöhns, daß die sphärischen Pyritaggregate bakterieller Herkunft sind. Diese sphärischen Aggregate wurden in den Mansfelder Kupferschiefern (Schneiderhöhn 1923) und ebenfalls in zweifellos epigenetischen Lagerstätten beobachtet. Aus den USA wurden im Jahre 1935 sphärische Pyritaggregate von Rast (vgl. Bastian 1950) beschrieben. Er bezeichnete diese sphärischen Pyritaggregate als framboidale Pyrittexturen. Andere Beispiele identischer Pyritaggregate wurden von Schouten (1946) aus den Lagerstätten Mansfeld und Meggen (Deutschland), Redruf (England) und Río Tinto (Spanien) beschrieben. Schouten vergleicht die framboidalen Pyrittexturen aus epigenetischen Lagerstätten mit den gleichen Pyrittexturen in den Mansfelder Schiefern und verwirft die Ansichten Schneiderhöhns, da dieser als wesentlichstes Merkmal für eine angeblich bakterielle Herkunft nur die Gestalt und Ausmaße der sphärischen Pyritaggregate (vgl. Ramdohr 1955) benutzt hat.

Es ist auch nicht verwunderlich, wenn Ramdohr beim Untersuchen der Pyrittexturen und -strukturen feststellt, daß Schneiderhöhns Ansichten nicht so aufzufassen sind, daß jedes Pyritaggregat eine Pseudomorphose von Bakterien darstellt. Dadurch verlor das von den Anhängern der syngenetischen Theorie ver-

[1)] Aus: „Przegląd Geologiczny", Nr. 3, 1959, S. 119—120. Übers.: Hoffmann

wandte Argument schon vor fast 25 Jahren seine Bedeutung. KONSTANTYNOWICZ stützt sich also bei seinen Folgerungen auf veraltete Vorstellungen SCHNEIDERHÖHNS.

Im Zusammenhang mit der Annahme einer bakteriellen Herkunft der Pyritaggregate in den Kupferlagerstätten der nordsudetischen Senke ist seine Feststellung, daß die Aggregate immer Kupferkiesfünkchen enthalten, von größtem Interesse.

Da das Auftreten von Kupferkiesfünkchen in Pyriten der kupferführenden Mergel, z. B. in der Grodziecko-(Gröditzer) Mulde, unwahrscheinlich erscheint (die Flächen der einzelnen Pyritkörnchen liegen bei etwa 4 Mikron $(\mu)^2$), wären entsprechende Belege äußerst interessant und für Untersuchungen hinsichtlich der Lagerstättengenese dieses Typs von wesentlicher Bedeutung.

Von der Syngenese ausgehend, wollte KONSTANTYNOWICZ die Ursache des charakteristischen Auftretens bleiführender Mergel im Hangenden der kupferführenden Mergel deuten helfen. Diese liegt seiner Ansicht nach im verschiedenartigen Reaktionszustand (p_H) des Sedimentationsraumes. Er schreibt, daß zunächst neutrale Wässer mit $p_H = 6-7$ in das Sedimentationsbecken eingedrungen sind. Kam es dann zur Ausbildung von Staubeckenverhältnissen, nahm der p_H-Wert immer mehr ab, wodurch die Ausfällung der Metalloxyde begünstigt wurde.

Nach KONSTANTYNOWICZ kommen bei $p_H = 2$ die Fe-, bei $p_H = 5{,}2-5{,}3$ die Cu- und Zn- und bei $p_H = 6-6{,}8$ die Pb-, Ni- und Co-Oxyde zur Ausfällung. Es scheint aber, daß zuerst die Bleiverbindungen und bei zunehmenden Säuregraden im Sedimentationsraum die Kupfer-, dann die Zink- und schließlich die Eisenoxyde ausgefällt werden müßten. In der Lagerstätte ist dagegen ein umgekehrter Verlauf dieser Vorgänge zu beobachten; denn das Blei tritt im Hangenden der kupferführenden Mergel auf. Die Umwandlung von Metalloxyden zu Metallsulfiden geschieht nach KONSTANTYNOWICZ folgendermaßen:

„Bei der Entstehung der Sulfide und des Reduktionsraumes spielte Pyrit eine hervorragende Rolle, denn bei der Oxydation des Pyrits bildete sich Schwefelsäure, die als starkes Reagenz die Mineralisationsvorgänge beeinflußt hat. Außerdem konnte der Pyrit Cu, Pb, Zn, Ni, Co enthalten, das bei der Oxydation möglicherweise frei wurde. Ähnliche Vorgänge spielen sich heute am Boden des Schwarzen Meeres ab."

Im Zusammenhang damit ist folgendes zu beachten:

1. Pyrit und die aus ihm entstehende Schwefelsäure sind tatsächlich wichtige Faktoren bei den sekundären Vorgängen (SMIRNOW 1956). Die Pb- und Cu-Salze verhalten sich jedoch im wäßrigen Medium gegenüber H_2SO_4 gänzlich verschieden.

2. Pyrit selbst ist ein Sulfid, und sein Auftreten wird durch einen Reduktionsraum im Sedimentationsbecken bedingt. Welche Bedeutung konnte der Pyrit beim Entstehen des Reduktionsraumes haben?

3. Die Arbeiten von ARCHANGELSKI und seinen Mitarbeitern über die Untersuchungen an Sedimenten im Schwarzen Meer enthalten solche Folgerungen nicht.

KONSTANTYNOWICZ nimmt an, daß Cu, Zn, Pb usw. im Sedimentationsbecken als Oxyde ausgefällt wurden. Er beruft sich ferner auf die Experimentalarbeiten von ARCHANGELSKI und JAKOWLEW und äußert sich dahin: „Die primäre Abscheidung des Kupfers am Beckenboden vollzog sich in Karbonatform. Während der Diagenese wurden später die Kupferkarbonate infolge der durch die Zersetzung organischer Reste und der Bakterientätigkeit entstandenen Reduktionsverhältnisse in Sulfide umgewandelt. Diese blieben während der folgenden Rekristallisations- und Umlagerungsvorgänge des Kupfers erhalten."

Falls wir mit KONSTANTYNOWICZ die Kupferkarbonate als die primären Kupferverbindungen im Sedimentationsbecken ansehen, taucht die Frage auf, ob er die obenangeführte Deutung der vertikalen Stratifikation der Kupfer- und Bleisulfide aufrechterhält? Bei Erläuterung dieser Erscheinung geht KONSTANTYNOWICZ davon aus, daß Cu, Pb, Zn u. a. aus der Lösung in Form von Oxyden zur Abscheidung kamen und unter dem Einfluß der bereits genannten Faktoren in Sulfide umgewandelt wurden. Außerdem ist unverständlich, was KONSTANTYNOWICZ im letzten Satz des angeführten Zitats sagen wollte. Man kann doch nicht annehmen, daß er damit einen möglichen Transport des Kupfers in Sulfidform begründen wollte?

Unabhängig von den das Sedimentationsbecken versorgenden Quellen (KONSTANTYNOWICZ hält die Einwirkung hydrothermaler Lösungen für möglich) könnte man seiner Meinung sein, daß die wäßrigen Lösungen mit Metallverbindungen angereichert waren. Dagegen kann man seine Ansicht, daß die Anreicherungsvorgänge von Kupfer und den es begleitenden Metallen in den Zechsteinsedimenten unter dem Einfluß von Organismen und der Diagenese stattgefunden haben, nicht akzeptieren. Es soll deutlich darauf hingewiesen werden: 1. Weder die Diagenese noch die metamorphen Prozesse reichern das Sediment mit Kupfer oder seinen Begleitmetallen an; 2. die im südlichen Teil der nordsudetischen Mulde durchbohrten marinen Zechsteinbildungen (EISENTRAUT 1939) stellen trotz der diagenetischen Prozesse, denen sie unterworfen waren, und ihres Gehaltes an organischer Substanz im Gegensatz zu den im nördlichen Teil dieser Mulde lagernden und identisch (lithologisch und faziell) ausgebildeten Zechsteinbildungen keine Kupferlagerstätten dar; 3. ohne die Untersuchungsergebnisse FLEMMINGS heranzuziehen, ist doch bekannt, daß die Theorie SAMOJLOWS bezüglich der Teilnahme von Organismen an der Entstehung der Kupferlagerstätten im Perm scharf kritisiert worden ist (ARCHANGELSKI 1932).

Bezüglich der Erzbildungsetappen in den nordsudetischen Kupferlagerstätten bringt KONSTANTYNOWICZ nichts Neues. Seine Behauptung, daß Pyrit das älteste Sulfid in der Lagerstätte ist, erfordert — neben der Feststellung idiomorpher Formen — noch eine zusätzliche Begründung; denn selbst unter den ungünstigsten Verhältnissen (Kontaktmetamorphose) neigt Pyrit dazu, die für ihn spezifische Kristallform anzunehmen (RAMDOHR 1955).

Neben Aggregaten, in denen die einzelnen Pyritkörner vollständig idiomorph ausgebildet sind, trifft man auch Aggregate mit amorphen Pyritkörnern an.

Die Einordnung des Kupferkieses als jüngeres oder als gleichzeitig mit dem Pyrit gebildetes Erzmineral wird in der Arbeit von KONSTANTYNOWICZ nur unzureichend begründet. Die in den Körnern auftretenden Kupferkiessternchen sowie das seltene Vorkommen von freien Kupferkieskörnchen sind keine Begründung für gleiches Alter, um so mehr, als die freien Kupferkieskörner, die nichts mit dem Pyrit gemein haben, in den Lagerstätten der Gröditzer Mulde keine Seltenheit sind. Die übrigen Erzminerale: Kupferglanz, Bornit, Bleiglanz, Zinkblende und Covellin, werden von KONSTANTYNOWICZ für jünger als Pyrit und Kupferkies gehalten.

Es wäre interessant zu wissen, in welcher Reihenfolge er Markasit, Arsenkies, Löllingit, Wurtzit, Tennantit, Tetraedrit, Enargit und Pechblende einordnen würde, die den Bildungen des Unteren Zechsteins in der Gröditzer Mulde nicht fremd sind. Wenn KONSTANTYNOWICZ die Mineralzusammensetzung und die Paragenesen der Erzminerale richtig einschätzt, dann erscheint die Tatsache, daß er sich über einen so verschiedenartigen, auch für die Kupferlagerstätten der Gröditzer Mulde charakteristischen Erzmineralkomplex hinwegsetzt, unverständlich.

Schließlich sind noch KONSTANTYNOWICZs Argumente, mit denen er die Möglichkeit epigenetischer Vorgänge bei der Lagerstättenbildung in der nordsudetischen Mulde ablehnt, näher zu betrachten.

KONSTANTYNOWICZ schreibt am Anfang seiner Darstellungen folgendes: „Außerdem wurden weder erzführende Kanäle noch sekundäre Umwandlungen im Mergel festgestellt." Andererseits aber schreibt er (S. 41 u. 43), daß 1. in der Gröditzer und Lissaer Mulde Apophysen von Porphyrtuffen anzutreffen sind; 2. in den unteren und oberen Zechsteinpartien in Sprungnähe einige Kalzitgänge und -äderchen verschiedenen Vererzungsgrades auftreten.

Was sind dann die obenerwähnten Erscheinungen, wenn nicht Kanäle, die den erzführenden Lösungen die Migration ermöglichen? Man kann doch nicht glauben, daß KONSTANTYNOWICZ die Bedeutung der Deformation innerhalb der Lagerstätte, wie Faltungen, Verschiebungen, Schichtenauflösungen, Auspressungen einzelner Lagerstättenpartien, unterschätzte! Derartige Lagerstättendeformationen werden z. B. als wichtig für die Migration hydrothermaler Quecksilberlösungen, als deren Ergebnis sich Quecksilberlagerstätten (SACHAROW 1940) bildeten, betrachtet.

Schließlich führt KONSTANTYNOWICZ noch an, daß „die stark gestörten und durch Verwerfungen zerstückelten Gebiete eine stärkere Konzentration an Kupferverbindungen besitzen". Das scheint kein Zufall zu sein, um so mehr, als sich diese Erscheinung nicht nur auf das Gebiet von Lubichow (Hohenliebenthal) beschränkt. Trotz der obenerwähnten Tatsachen fehlt in der Analyse KONSTANTYNOWICZs der Blick auf die gegenseitige Abhängigkeit der vererzten Zechsteinpartien von den tektonischen Erscheinungen, die für das besprochene Gebiet und seine Kupferlagerstätten charakteristisch sind.

Heute ist bekannt, daß die Vererzung in Lagerstätten vom Typ Mansfeld nicht immer mit einem lithologischen Horizont verknüpft sein muß. Es unterliegt also keinem Zweifel, daß die Vererzung im Gebiet von Lubin (Lüben) (WYZYKOWSKI 1958) nicht durch das Auftreten von Fischen und Bakterien oder durch diagenetische Vorgänge erklärt werden kann. Deshalb scheint die Behauptung KONSTANTYNOWICZs, daß epigenetische Vorgänge bei der Entstehung unserer Kupfererzlagerstätten zu verwerfen seien, etwas gewagt zu sein.

Literatur

ARCHANGELSKI, A. D.: Über die Sedimente im Schwarzen Meer und ihre Bedeutung für die Kenntnis der Sedimentgesteine. — Bull. M. O. I. P., Geol. Abt., N. F., Bd. XXXV.

— Die Bedingungen für die Akkumulation von Kupfer in Sedimentgesteinen. — Bull. M. O. I. P., Geol. Abt., Bd. V, 1932.

BASTIAN, E. S.: Interpretation of ore textures. — Geol. Soc. Amer. Mem., Nr. 45, 1950.

EISENTRAUT, O.: Der niederschlesische Zechstein und seine Kupferlagerstätte. — Arch. Lagerstättenforsch., N. F., H. 71, Berlin 1939.

KONSTANTYNOWICZ, E.: Die Genese der Kupferlagerstätten der äußeren sudetischen Mulde. — Erze und Nichteisenmetalle, Nr. 2, 1957.

RAMDOHR, P.: Die Erzmineralien und ihre Verwachsungen. — Berlin 1955.

SACHAROW, E. E.: Struktur des Erzfeldes, mineralogische Zusammensetzung und Genese der Quecksilberlagerstätte von Nikitowka im Donezbecken. — Isd. AN SSSR, Moskau 1940.

SCHOUTEN, C.: The role of sulphur bacteria in the formation of the so called sedimentary copper ores and pyritic ore bodies. — Econ. Geol., Nr. 41, 1946.

SCHNEIDERHÖHN, H.: Chalkographische Untersuchungen der Mansfelder Kupferschiefer. — N. Jb. Miner., Beil. Bd. 47, 1923.

SMIRNOW, S. S.: Die Oxydationszone sulfidischer Lagerstätten. — Warszawa 1956.

WYZYKOWSKI, J.: Die Prospektion auf Kupfererze im Gebiet der subsudetischen Zone. — Przegląd Geologiczny, Nr. 1, 1958.

L. POKORNÝ & V. ZEMÁNEK

Erkundung der blinden Magnetitlagerstätten in den Skarnen von Krušné hory (Erzgebirge)[1]

Referiert von GERHARD TISCHENDORF, Berlin

POKORNÝ & ZEMÁNEK haben in diesem Beitrag in ausgezeichneter Weise die Ergebnisse der in den vergangenen Jahren im böhmischen Teil des Erzgebirges bei Přísečnice—Měděnec (Preßnitz—Kupferberg) durchgeführten geophysikalischen und erkundungsgeologischen Untersuchungen dargestellt. Die Erfolge der tschechischen Geophysiker und Geologen bei der Untersuchung des durch alten Bergbau seit langem als eisenhöffig erkannten Gebietes beruhen darauf, daß sie sich bei ihrer Arbeit von den bekannten Grubengebieten und damit von den nur unmittelbar an der Erdoberfläche anstehenden Gesteinskomplexen lösten und Erkundungsverfahren anwandten, die eine Untersuchung und Beurteilung größerer Tiefen zuließen. Das Gebiet wurde mit Hilfe geophysikalischer Meßmethoden und anschließend niedergebrachter Tiefbohrungen erkundet. Gleichzeitig durchgeführte petrographische und geochemische Untersuchungen, die eine exakte petrologische Einstufung der am Aufbau des Gebietes beteiligten Gesteine und vor allem die Ausarbeitung einer Stoffbilanz der Gesteins- und Erzbildungsvorgänge ermöglichten, trugen wesentlich zum Gelingen der Erkundungsarbeiten bei.

[1]) Aus: Geotechnica, svazek 29, S. 7—72, Praha 1960 (mit deutscher Zusammenfassung)

Verf. unterscheiden im untersuchten Gebiet drei Typen von Eisenerzlagerstätten:

1. Eisenerzgänge,
2. Eisenerzlager in der Nähe von Graniten und
3. Eisenerzlager in der Nähe von Orthogneisen.

Die durchgeführten Arbeiten haben gezeigt, daß Lagerstätten des ersten und zweiten Typs für intensivere Untersuchungen nicht in Frage kommen, da die Anreicherung an nutzbaren Komponenten in ihnen nur gering und die Bildung größerer Erzvorkommen recht unwahrscheinlich ist. Anders dagegen der Typ 3! Diese stets in der Nähe von Orthogneisen aufsetzenden, magnetitführenden Skarnlagerstätten besitzen meist eine hohe Eisenkonzentration und haben zum Teil auch beträchtliche Ausmaße.

Wie bereits Zemánek gezeigt hat (Skarny v širokém okoli Přisečnice a Měděnec. — Sbornik ÚÚG, sv. XXIV, Praha 1959), sind diese magnetitführenden Skarnlager unter Einfluß eines granitischen Magmas während seiner synorogenen Intrusion entstanden. Verskarnt wurden vor allem die im Kontaktbereich vorhandenen Karbonatgesteine. Für das Aufsuchen neuer Erzkörper ist die aus den bisherigen Untersuchungen resultierende Erkenntnis wichtig, daß die Magnetitverskarnung ausschließlich an migmatitische Zonen (von den Autoren auch als Hybridgesteinszonen bezeichnet), die sich randlich der genannten Orthogneiskomplexe befinden, geknüpft ist.

Die in der Veröffentlichung dargestellten Arbeiten liefern einen wichtigen Beitrag zur Entwicklung von Methoden über das Aufsuchen blinder, d. h. nicht zutage ausstreichender, Lagerstätten. Mit Hilfe geomagnetischer Vermessungen (Messung der Vertikalintensität) war es bereits vor Durchführung von Bohrungen möglich, Störkörper, die eindeutig auf Erzanreicherungen hinwiesen, zu lokalisieren. Entsprechend der Kenntnis der petrologischen und genetischen Stellung der Skarnerze und der tektonischen Verhältnisse des gesamten Gesteinskomplexes wurde in Gebieten, in denen die Skarnerze in geringer Teufe (~ 10 m) zu erwarten waren, mit einem dichten Netz vermessen (40 × 40 m Abstand), in Gebieten mit größerer Teufe (300—600 m) aber mit einem weiten Netz (100 × 50 m).

Die Bestimmung der magnetischen Suszeptibilität an 150 Gesteinsproben von 5—20 cm³ Größe ergab, daß die erzfreien kristallinen Kalke und Dolomite, die Orthogneise und auch die hybriden Gesteine im Vergleich zu den noch in der gesamten Gesteinsserie auftretenden Paraschiefern (Glimmerschiefer, Glimmerschiefergneis, Grauwackengneis und Quarzit) geringere Werte besitzen. Auch die Suszeptibilität der Paraschiefer liegt nur wenig über dem Normalfeld. Eklogite, Amphibolite, hydrothermale Gänge und kleinere Imprägnationszonen von Erzmineralien in der Schieferserie haben je nach Mineralbestand (wechselnde Mengen an Magnetit, Pyroxen, Amphibol, Biotit, Granat, Pyrrhotin) unterschiedliche Suszeptibilitätswerte. Die im untersuchten Gebiet auftretenden postmetamorphen Magmatite (vor allem Basalte tertiären Alters) zeichnen sich durch eine hohe Suszeptibilität, aber auch durch eine recht gleichmäßige Verteilung der magnetischen Komponenten (Magnetit und Titanomagnetit) aus. Dadurch wird nur eine verhältnismäßig geringe Schwankung der Suszeptibilität verschiedener Teile der betreffenden Gesteinskörper hervorgerufen.

Auf Grund ihres hohen Magnetitgehaltes besitzen die Skarne hohe bis sehr hohe Suszeptibilitätswerte. Bei einem Magnetitgehalt über 30% sind diese Werte bis 100000 mal höher als jene der hellen Gesteine. Es wurde festgestellt, daß die Suszeptibilität vom Magnetitgehalt direkt abhängt. Durch das Auftreten anderer Mineralien, wie Amphibol, Pyroxen, Biotit und Hämatit, wird die Größe dieses Wertes nur unbedeutend verändert.

In den abschließenden Betrachtungen werden die verschiedenen Typen der Magnetanomalien besprochen und interpretiert. Dabei zeigt sich, daß die beiden Hauptstörungsursachen (Skarne mit Magnetitvererzung einerseits und Basalte andererseits) an Hand des Anomalienverlaufes gut unterschieden werden können. Diese Tatsache setzt den Erkundungsgeologen in die Lage, im Anschluß an die geophysikalischen Untersuchungen gerichtete Bohrungen mit hoher Fündigkeitsquote anzusetzen.

Die auf der böhmischen Seite des Erzgebirges in den letzten Jahren nachgewiesenen Magnetitskarnvererzungen lassen hoffen, daß sich auf deutscher Seite in geologisch äquivalenten Orthogneis-Magmatit-Glimmerschiefer-Gebieten nach entsprechenden Untersuchungen gleichfalls ähnliche Erkundungserfolge einstellen.

A. G. Betechtin

Das Verhalten radioaktiver Elemente bei den Bildungsprozessen endogener Lagerstätten[1)]

Referiert von Heinz Schulz, Gera

Die Arbeit von Betechtin gliedert sich in zwei Hauptteile. Im ersten werden die wichtigsten geochemischen Besonderheiten der radioaktiven Elemente besprochen, während im zweiten Teil das Verhalten des Urans bei der Bildung endogener Lagerstätten näher untersucht wird. Dieser Teil schließt mit einer Klassifikation der endogenen radioaktiven Lagerstätten ab. Gleichzeitig muß auf die in H. 6, 1960, der gleichen sowjetischen Zeitschrift erschienene Arbeit des Autors über die exogenen und metamorphen Lagerstätten der radioaktiven Elemente hingewiesen werden.

Radium, Thorium und Uran werden ausführlicher behandelt, während die radioaktiven Zerfallsprodukte Radon und Radium, ihrer Bedeutung entsprechend, nur kurz gestreift werden. Bei der Beschreibung der beiden wichtigen Elemente Th und U geht Betechtin von der Wertigkeit und der Ionengröße aus und untersucht am Beispiel des U eingehend die Gesetzmäßigkeiten ihres geochemischen Verhaltens. Für Uran ist sein Auftreten in der vier- und sechswertigen Form

¹) Aus: „Geologija rudnich mestoroshdenij", H. 1, 1959

charakteristisch. Die entsprechenden Verbindungen sind innerhalb bestimmter charakteristischer Redox-Bedingungen stabil. Das weitere Verhalten des Urans wird durch seine starke Affinität zu Sauerstoff bestimmt.

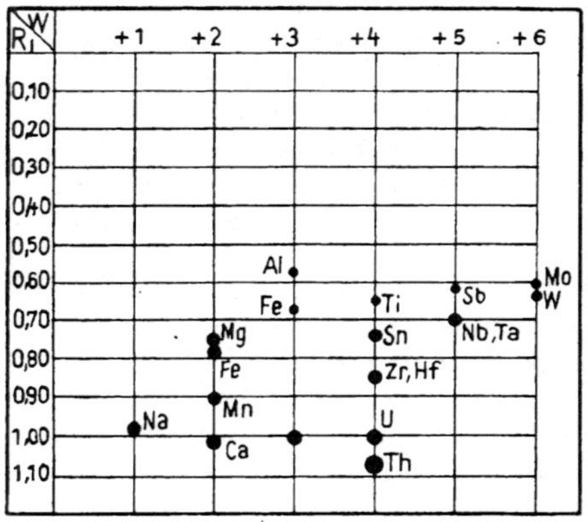

Abb. 1. Heterovalente Isomorphiebeziehungen einiger Elemente im Hinblick auf U^{4+} und Th^{4+}

Verbindungen des vierwertigen Urans trifft man in der Natur als Uraninit oder Uranpechblende an. Die Bezeichnung „Nasturan", die in den letzten Jahren vorwiegend in der ausländischen Literatur benutzt wurde, besitzt nach Betechtin keinerlei Berechtigung, da das entsprechende Mineral mit Uranpechblende identisch ist. Eingehend werden die Isomorphiebeziehungen des vierwertigen Urans erläutert. Isovalente Isomorphie überwiegt bei annähernd gleichgroßen und gleichwertigen Kationen, wie bei Th^{4+}, Zr^{4+}, Hf^{4+} und anderen Elementen, und erlangt beispielsweise in Thorit, Zirkon, Sphen und anderen Mineralien eine gewisse Bedeutung.

Heterovalente Isomorphiebeziehungen werden an Y^{3+}, S^{3+}, Ca^{1+}, Na^{2+}, W^{6+}, Ta^{5+}, Nb^{5+}, Ti^{4+} und vielen anderen Elementen eingehend erläutert (Abb. 1). Der Mechanismus des isomorphen Eintritts von U^{4+} und Th^{4-} wird an Perowskit und Monazit diskutiert.

Die Verbindungen des sechswertigen Urans treten in der Natur allgemein als Uranyl-Ion, d. h. als Komplexion $(UO_2)^{2+}$, auf. Diese Verbindungen entstehen bei Oxydationsbedingungen aus vierwertigem Uran und bilden komplizierte, in Wasser unlösliche Oxyde. Derartige Verbindungen sind besonders in den Oxydationszonen der Uranlagerstätten anzutreffen und bilden hier mit vorhandenen Anionen die mannigfaltigen Uranverbindungen. Die einzelnen Verbindungen des sechswertigen Urans haben sehr unterschiedliche Löslichkeiten, wobei die Silikate die geringste und die Sulfate die größte aufweisen.

Die komplizierten geochemischen Besonderheiten des Urans kommen auch im zweiten Teil der Arbeit, bei der Bildung der endogenen Lagerstätten, zum Ausdruck. Prinzipiell ist damit zu rechnen, daß „man Uran- oder uranhaltige Mineralien auf den Erzlagerstätten aller zur Zeit auf der Erde bekannten genetischen Typen antreffen kann". Ausführliche Untersuchungen in der Sowjetunion, aber auch in anderen Ländern, weisen darauf hin, daß sich Uran bei der Lagerstättenbildung häufig anders verhält als die bekannten metallischen Komponenten. Daher zeichnen sich die Uranlagerstätten durch zahlreiche spezifische Besonderheiten aus.

Endogene U-Th-Lagerstätten sind genetisch mit sauren und alkalischen magmatischen Tiefengesteinen verbunden. Intramagmatische Lagerstätten erlangen für die radioaktiven Elemente keine große Bedeutung. Eine Ausnahme bilden hierbei die alkalischen Riebeckit-Granite Nigeriens, wo der in großer Menge auftretende Pyrochlor 3,1% U-Oxyde, 3,3% Th-Oxyde und 41,1% Nb- und Ta-Oxyde enthält. Infolge der tiefgreifenden tropischen Verwitterung ist hier eine Gewinnung der Akzessorien leicht möglich, die radioaktiven Komponenten werden nebenbei mit gewonnen.

Pegmatitische Lagerstätten werden nach ihrem Vorkommen in die häufigeren Granit- und die selteneren Nephelinsyenitpegmatite unterteilt. U- und Th-Mineralien sind in beiden vorhanden. Infolge ihrer geringen Metallgehalte und der relativ geringen Größe der Pegmatit-Körper besitzen diese Vorkommen keine wesentliche wirtschaftliche Bedeutung. Im Falle der industriellen Gewinnung anderer Komponenten können die U-Th-Erze mitverwertet werden.

Skarnlagerstätten: Der größte Teil der hierzu gestellten Uranlagerstätten ist hydrothermaler Entstehung. An Syenitkontakten wurden mehrfach Th-Anreicherungen gefunden, die aber noch wenig untersucht sind. Th- und U-Lagerstätten dieses Types spielen zur Zeit noch keine Rolle.

Hydrothermale Lagerstätten besitzen die größte wirtschaftliche Bedeutung. Charakteristisch ist, daß Th, SE und U auf hydrothermalen Ganglagerstätten nur bei hohen Bildungstemperaturen und in großer Tiefe gemeinsam vorkommen. Oberflächennah gebildete Lagerstätten enthalten fast reine Uranerze und besitzen die Hauptbedeutung. Infolge der unterschiedlichen mineralischen Zusammensetzung wird die Charakterisierung der einzelnen Gangformationen sehr erschwert. Man kennt bis jetzt folgende Mineralassoziationen:

1. Der karbonatische Pechblende-Vererzungstyp: Dieser tritt im Vergleich mit anderen Typen am häufigsten auf und besitzt auch die größte wirtschaftliche Bedeutung. Karbonate (wie Kalzit, Dolomit, Magnesit und Ankerit) bilden die Hauptmineralien. Dazu kommen Uranpechblende, Quarz, gelegentlich Fluorit und akzessorische Sulfide (Pyrit, Kupferkies, Bleiglanz, Zinkblende, Fahlerze, örtlich auch noch Hämatit). Die Hauptmineralien können in den einzelnen Gängen und Vererzungsgebieten wechseln. Es sei besonders der häufig vorkommende Fall erwähnt, daß lokal einzelne Mineralien, wie Quarz und Uranpechblende, völlig zurücktreten können und der Gang dann nur aus Karbonaten oder den restlichen Mineralien besteht. Nach Untersuchungen auf der bekannten Lagerstätte Joachimow (ČSSR) konnte wiederholt folgende Reihenfolge der Hauptmineralien festgestellt werden:

Quarz → Uranpechblende → Karbonate

2. Der sulfidische Vererzungstyp wird durch Sulfide (Pyrit, Kupferkies, Bleiglanz, Zinkblende, Fahlerze, gelegentlich auch Molybdänglanz, Arsenkies und Silbersulfosalze) charakterisiert. Die Pechblende tritt stark zurück und ist häufig makroskopisch nicht sichtbar.

3. Der arsenidische Vererzungstyp entspricht der aus der Literatur bekannten Bi-Co-Ni-Ag-U-Formation. Er enthält Ni- und Co-Arsenide, gediegen Silber, Wismut und Uranpechblende. Derartige Lagerstätten wurden im Erzgebirge seit Jahrhunderten abgebaut. Diese Erze sind relativ arm an Uran. Makroskopisch sichtbare

Uranpechblende trifft man nur selten an. Die Gangarten bestehen aus hornsteinartigem Quarz, aus Karbonaten, dunklem Fluorit, Baryt usw. Dazu treten noch geringe Mengen kompliziert zusammengesetzter Sulfide (wie Linneit, Bravoit usw.). Gänge dieses und des bereits erwähnten karbonatischen Pechblende-Vererzungstyps kommen im Erzgebirge im gleichen Gebiet, meist aber auf verschiedenen Spalten vor.

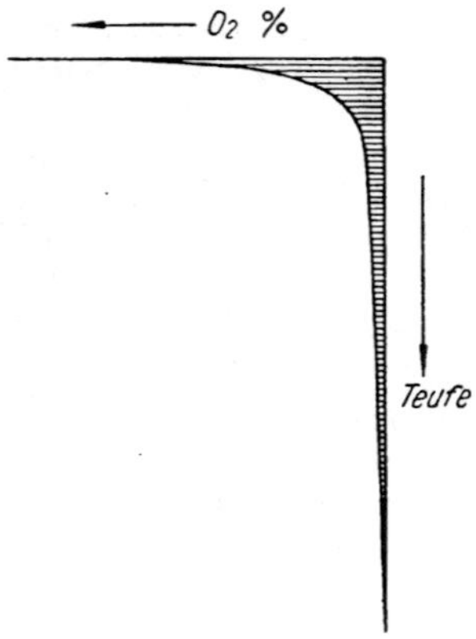

Abb. 2. Zunahme des Sauerstoffes in den hydrothermalen Restlösungen nach der Teufe

Arsenidische Co-Ni-Fe-Lagerstätten trifft man auch in anderen Gebieten, so z. B. auf der Lagerstätte Eldorado am Großen Bärensee in Kanada. Man kennt aber auch Lagerstätten dieses Typs, die kein Uran enthalten (z. B. von Kobalt in Kanada). In Shinkolowbe (Kongo) wiederum kommen Ni und Co in Form von Sulfiden und Seleniden vor, während die Arsenide völlig fehlen.

Das Nebengestein wurde in Gangnähe nur wenig beeinflußt. Nur örtlich beobachtet man Verquarzung mit Pyritisierung und Serizitisierung; gelegentlich tritt auch eine Albitisierung von Alumosilikatgesteinen auf. Lokal kann man — besonders um Uranpechblendeanreicherungen — eine Rötung des Gesteins antreffen.

Auffallend ist auch die Tatsache, daß sowohl in der karbonatischen als auch in der arsenidischen Vererzung zahlreiche kollomorphe Bildungen auftreten.

Im letzten Teil der Arbeit geht BETECHTIN auf die allgemeinen Fragen der Migration des Urans in hydrothermalen Lösungen ein. Er vertritt die Meinung, daß viele hydrothermale Uranlagerstätten bei oberflächennahen Bedingungen (geringer Druck bei rasch sinkender Temperatur) gebildet wurden. Diese Frage wird am Beispiel der erzgebirgischen Lagerstätten (ČSSR—DDR) behandelt.

Die Urangänge dieses Gebietes durchsetzen Lamprophyre, die ihrerseits feinkörnige Quarzporphyre — die auch im Massiv des Eibenstocker Granites auftreten — durchtrümern. Daraus geht hervor, daß die Urangänge jünger als der Granit und alle seine Differentiate sind. „Es kann so keine Rede sein von einer genetischen Verbindung mit den zur Zeit an der Oberfläche freigelegten granitischen Intrusionen.“ Der Autor kommt abschließend zu der Ansicht, daß die Vererzung derartig niedrigthermaler Uranlagerstätten nicht im direkten genetischen Verhältnis zu den naheliegenden Intrusiva steht, sondern einem tiefer gelegenen gemeinsamen magmatischen Herde (Anm. d. Übers.: dem erzgebirgischen Stammpluton) zuzuschreiben ist.

Im folgenden geht der Autor auf den Transport des Urans aus derartig großen Tiefen bis unter die Erdoberfläche ein. Wie aus der einschlägigen Literatur hervorgeht, wird Uran in der sechswertigen Form (als Uranyl) transportiert und durch Reaktion mit niedrigwertigen Komponenten als vierwertiges Uranoxyd ausgefällt. Bei diesen Vorgängen spielt die Verteilung des Sauerstoffes in den hydrothermalen Restlösungen eine große Rolle. Aus dem Diagramm (Abb. 2) geht die Zunahme des Sauerstoffgehaltes in den Restlösungen nach der Erdoberfläche zu deutlich hervor (entsprechende Grundlagen sind in folgenden Arbeiten von BETECHTIN zu finden: „Über den Einfluß des Schwefel- und Sauerstoffregimes auf die paragenetischen Mineralverhältnisse in den Erzen“ — 1948; „Hydrothermale Lösungen, ihre Natur im Erzbildungsprozeß“ — 1953). Aus verschiedenen geochemischen Überlegungen werden mehrere Grundgedanken von großer praktischer Bedeutung entwickelt:

1. Wenn vierwertiges Uran unfähig ist, sich unter natürlichen Bedingungen als Sulfid abzuscheiden, so kann es in den aufsteigenden Lösungen bei Erreichung einer bestimmten Sauerstoffionenkonzentration, d. h. bei oberflächennahen Bedingungen, nur als Oxyd ausgefällt werden. Daraus folgt, daß unter dem Uranvererzungshorizont andere Begleitmetalle (z. B. als Sulfide) nach der Teufe fortsetzen können. Diese Schlußfolgerungen werden am Beispiel der Lagerstätte Příbram (ČSSR) bestätigt. Hier konnte im Bereich bis zu 500 m Teufe eine Uranvererzung nachgewiesen werden, die in größeren Teufen fehlt, während die sulfidische polymetallische Vererzung unverändert anhält (der Abbau ist z. Z. bis auf etwa 1400 m fortgeschritten).

2. Der Abstand zwischen der unteren und der oberen Grenze der möglichen Uranvererzung eines Ganges ist von der Tiefe der Erzausfällung und der tektonischen Situation abhängig.

Unter oberflächennahen Bedingungen erhält der Sauerstoff durch die intensive Spaltenbildung Zugang zu den Lösungen und bewirkt so innerhalb eines geringen Bereiches die Uranausfällung. BETECHTIN erwähnt auch die Tatsache, daß bei sulfidreichen Gängen die untere Ausfällungsgrenze relativ hoch gelegen ist, während die Erze geringmächtiger, sulfidarmer Gänge wesentlich tiefer reichen (sie können auf schmalen Spalten eine Teufenerstreckung bis zu 1000 m besitzen — auf mächtigen Gängen dagegen ist die Teufenerstreckung viel geringer).

Zum Schluß bringt der Autor eine Klassifikation der endogenen Uranlagerstätten:

I. Intramagmatische Lagerstätten:
  a) in Alkaligraniten
  b) in Nephelingraniten
II. Pegmatitische Lagerstätten:
  a) Granitpegmatite
  b) Nephelinsyenit- und Syenitpegmatite
III. Skarnlagerstätten: Bis jetzt wurden keine wirtschaftlich bedeutenden Uranlagerstätten gefunden
IV. Hydrothermale Lagerstätten:
  1. Hochtemperierte Gänge mit hohem U-Th-Verhältnis
  2. Mittel- bis niedrigtemperierte Gänge
  a) Karbonatischer Pechblende-Vererzungstyp
  b) Sulfidischer Vererzungstyp
  c) Arsenidischer Vererzungstyp (Bi-Co-Ni-Ag-U)
  d) Ruschelzonen mit dispersen Uranoxyden (Uranpechblende)
  e) Uraninit-Magnetit-Vererzung
  f) Mächtige Albitisationszonen in Tonschiefern und Phylliten (mit Uraninit und Zirkon)

Frühglaziale Ausräumungszonen in Südostbrandenburg

Neue Ergebnisse zur Paläogeographie und Stratigraphie des Quartärs

MARTIN HANNEMANN & HORST RADTKE, Berlin

Bei geologischen Erkundungs- und Kartierungsarbeiten in den Jahren 1959 und 1960 sind auf Veranlassung und im Auftrage des Zentralen Geologischen Dienstes in der Niederlausitz und in den nördlich angrenzenden Gebieten zahlreiche tiefere Bohrungen gestoßen worden. Durch einen Teil dieser Bohrungen wurden im Raum Wilhelm-Pieck-Stadt Guben — Beeskow — Fürstenberg (Oder) große Pleistozänmächtigkeiten bekannt.

Im vorliegenden Beitrag wird der unter NN reichende Teil des Pleistozäns, und zwar besonders die sich ergebende regionale und stratigraphische Problematik, behandelt. Eine umfassende Bearbeitung des gesamten Materials ist vorgesehen. Bei den mit römischen Ziffern bezeichneten Bohrungen kamen Seilschlaggeräte mit Schappe und Ventil zum Einsatz, die übrigen wurden mit Craelius-Geräten geteuft. Als Bohrwerkzeuge dienten das Einfachkernrohr System „SCHÖNEMANN" sowie in einigen Fällen das Doppelkernrohr System „LOOSE". Bei der Auswertung der Craelius-Bohrungen standen Unterlagen der geophysikalischen Bohrlochmessungen zur Verfügung.

Stand der Kenntnisse und Problematik

a) Lage der Pleistozänbasis

Die Niederlausitz wird vor allem wegen ihrer Braunkohlenhöffigkeit seit langer Zeit geologisch untersucht. Von Bedeutung sind aus bergbaulichen Gründen von jeher die Gebiete, in denen die miozänen Braunkohlenflöze unvermittelt sekundär aussetzen. Heute steht außer Zweifel, daß — abgesehen von wenigen Sonderfällen — exogene Kräfte der pleistozänen Inlandvereisungen dieses Aussetzen bedingen.

In der Literatur (E. BERGMANN 1955, F. ILLNER 1934, K. KEILHACK 1938 und E. PICARD 1934) sind solche Gebiete der Lausitz, in denen die miozänen Braunkohlenflöze gänzlich oder teilweise fehlen, als „Auswaschungsrinnen" und „Erosionsrinnen" bekannt geworden. F. ILLNER (1934) nimmt eine subglaziale Entstehung an, „da diese Rinnen im allgemeinen keinen durchgehenden Zusammenhang und kein einheitliches Gefälle aufweisen ...". Nach K. KEILHACK (1938) wurden die „Auswaschungen ... teils unter der Eisdecke durch in Spalten derselben herabstürzende Schmelzwässer, teils durch vor der Front der Gletscher abfließende Schmelzwässer" erzeugt. E. PICARD (1934) führt Beispiele an, in denen „das Flöz im Bereich der Auswaschungszone nicht zerstört worden ist, sondern durch den Eisschub wenigstens teilweise als Scholle losgerissen und unmittelbar benachbart auf sekundärer Lagerstätte wieder zur Ablagerung gelangt ist".

Die Tiefe der Rinnen konnte, da geeignete Bohrungen fehlen, meist nur vermutet werden. E. BERGMANN (1955) gibt die Basis des Pleistozäns einiger Rinnen zwischen Wilhelm-Pieck-Stadt Guben und Frankfurt (Oder) bei —40 m bis —80 m NN an. K. KEILHACK (1938) betont die unterschiedliche Tiefe der „Auswaschungen", die z. B. bei Klettwitz „sogar den festen Felsenuntergrund" erreichen sollen (bei etwa —40 m NN, d. Verf.). Tiefer als —120 m NN reichendes Pleistozän war im ehemaligen Land Brandenburg bis vor kurzer Zeit außer im Bereich des Salzstockes Sperenberg südlich Berlins nur bei Eberswalde (ca. —130 m NN), bei Rüdersdorf (—139,6), im Berliner Grunewald bei Schildhorn (mindestens —176 m NN) und in Berlin-Kreuzberg, Schultheißbrauerei (—148 m NN) nachgewiesen (nach P. ASSMANN 1958, E. BERGMANN 1955 und P. WOLDSTEDT 1955).

In Mecklenburg liegt nach K. LEMCKE (1937) eine Abdachung der präquartären Oberfläche nach NW bis wenig unter —50 m NN vor. Eine neuere Karte von H. L. HECK (1956) zeigt eine stärker modifizierte Quar-

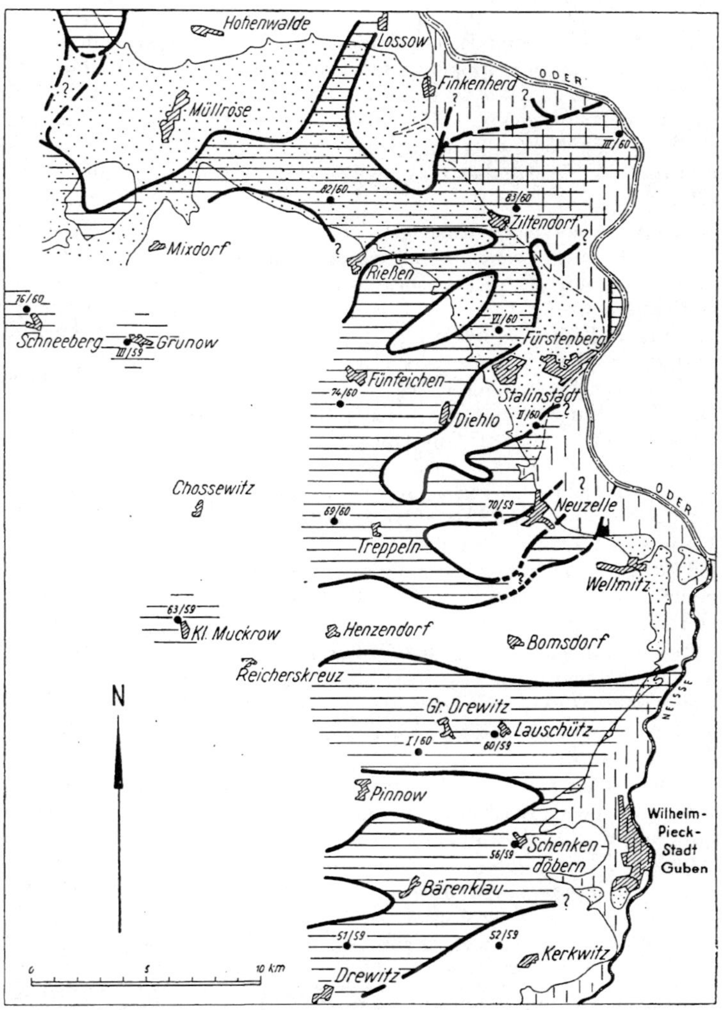

Abb. 1. Karte der frühglazialen Ausräumungszonen in der nordöstlichen Niederlausitz

Die horizontal schraffierten Zonen bezeichnen die Gebiete, in denen das Tertiär völlig oder zum größten Teil (bis mindestens — 50 m NN) ausgeräumt ist. Gewöhnlich liegen hier pleistozäne Sedimente unvermittelt auf prätertiären (vgl. Abb. 2 und Text). Die Talsandgebiete (überwiegend Berliner Urstromtal) und die holozäne Oder- und Neißeniederung sind durch Punktierung bzw. durch unterbrochene und versetzte senkrechte Schraffur hervorgehoben.

tärbasis und in geringer Verbreitung Gebiete mit bedeutend tiefer reichendem Pleistozän (Westhälfte Mecklenburgs, maximal —280 m NN).

Intensiver ist der Untergrund Nordwestdeutschlands erkundet. Die abgedeckte Karte des Quartärs von Schleswig-Holstein (H. L. HECK 1939) zeigt ein sehr bewegtes Relief und sehr deutlich einige Rinnen, in denen das Pleistozän tiefer als —100 m NN, maximal bis —352 m NN (Tönning) reicht. Ähnliche Lagen der Quartärunterkante hat E. KOCH (1924) für das Gebiet um Hamburg festgestellt. Hier wie in Schleswig-Holstein verlaufen die tief eingeschnittenen Täler bzw. Becken etwa NE—SW, d. h. etwa senkrecht zum Tal der Elbe. E. KOCH führt die tiefe Lage der Pleistozänbasis auf Gletschererosion zurück.

Extreme Mächtigkeiten erreicht das Pleistozän am Niederrhein und in dem säkularen Senkungsgebiet der Niederlande (vgl. J. M. VAN DER VLERK & F. FLORSCHÜTZ 1950 und A. J. PANNEKOEK 1956). Nach A. J. PANNEKOEK reicht die Basis des Quartärs im NW der Niederlande verbreitet unter —400 m NN (größte Teufe bei etwa —600 m NN).

Aus dem Flachland Polens sind bisher nur aus dem Ostseeküstenbereich einige tiefere Bohrungen bekannt geworden, in denen das Quartär unter —100 m NN reicht (nicht tiefer als —140 m NN, s. P. WOLDSTEDT 1955, S. 327). Nach B. KRYGOWSKI (1952) erreicht das Pleistozän in Westpolen maximale Mächtigkeiten von 120 m.

b) Stratigraphie des älteren Pleistozäns

Gebiete mit besonders tief reichendem Pleistozän sind nicht nur in paläogeographischer Hinsicht von großer Bedeutung, sondern sie können auch in hervorragendem Maße geeignet sein, einige der noch offenen Fragen in der Pleistozänstratigraphie Norddeutschlands klären zu helfen. Sofern man nachweisen kann, daß die Rinnen- und Beckenausfüllungen älter als Jungpleistozän (älter als Riß; Gliederung nach P. WOLDSTEDT 1958, S. 3) sind, wird man — wenn gut bearbeitete Aufschlüsse vorliegen — Angaben über die Anzahl der in Norddeutschland wirksam gewesenen Vereisungen erwarten können.

Während sich in den zwanziger und dreißiger Jahren mehr und mehr die Ansicht durchgesetzt hat, daß Norddeutschland in drei Kaltzeiten von Gletschern überfahren worden ist, riß die Diskussion über die Zahl der Vereisungen nicht ab. Auch die Frage nach einem Äquivalent der Günz-Eiszeit im norddeutschen Flachland ist in neuerer Zeit durch einige Arbeiten wieder aktuell geworden.

Fundpunkte warm- und kaltzeitlicher Schichten aus dem Liegenden des Mindel (der Elster-Eiszeit) sind an zahlreichen Stellen bekannt geworden (s. P. WOLDSTEDT 1955 und 1958). Hinweise auf eine ältere Vergletscherung des norddeutschen Flachlandes sind dagegen selten und sehr umstritten.

P. RANGE (1926) und K. RICHTER (1935) nehmen auf Grund von Beobachtungen bei Hamburg und in der Leipziger Bucht sowie bei Szczecin (Stettin) an, eine Vergletscherung vor dem Mindel (der Elster-Eiszeit) nachweisen zu können. In neuerer Zeit beschreibt R. WOLTERS (1951) aus dem Niederrheingebiet Frostspalten, die eindeutig der Günz-Eiszeit entsprechen sollen.

Aus der Volksrepublik Polen liegen eine größere Zahl von Beobachtungen vor, die mindestens auf eine prämindeleiszeitliche Vergletscherung schließen lassen (Jaroslavien nach W. SZAFER). So hat J. LEWINSKI (1929) zwischen dem pliozänen Posener Flammenton und der Cracovien-Moräne (Mindel-Elster-Eiszeit) im Gebiet südlich Warschau in einer rhythmischen Sedimentationsfolge zweimal starke Frostwirkungen und Schutttransporte festgestellt. Er leitet aus diesem Profil zwei, vermutlich durch warmzeitliche Schichten getrennte Kaltzeiten ab. Nach E. RÜHLE (1952) folgen im Raum Piotrków in Mittelpolen unter interglazialen Bildungen, die der Holstein-Warmzeit entsprechen, und den Sedimenten der Cracovien- (Mindel-Elster-) Eiszeit Beckenbildungen, die von fluviatilem Sand mit viel Feldspat unterlagert waren. Letztere deuten nach E. RÜHLE auf eine ältere aufgearbeitete Grundmoräne hin. Ähnliche Verhältnisse haben A. JAHN (1952) und I. JURKIEWICZOWA (1952) aus den Gegenden von Zamość bzw. Szczerców beschrieben. Auch in Ostpolen (im Gebiet der Wieprz, einem rechten Nebenfluß der Weichsel) sowie in westlichen Teilen der Sowjetunion glaubt man Beweise für eine Vergletscherung vor der Mindel- (Elster-) Eiszeit gefunden zu haben. (W. KARASZEWSKI 1954; S. A. JAKOWLEW und A. J. MOSKWITIN in W. I. GROMOW 1959). B. HALICKI (1950, 1951) hat im Njemengebiet sogar sechs verschiedene Eiszeiten und fünf Interglazialzeiten zu unterscheiden versucht. Auch er nimmt an, Äquivalente der Günz-Eiszeit gefunden zu haben.

Schichtenfolgen neuer Bohrungen

Ein Teil der neuen Bohrungen im Raum Wilhelm-Pieck-Stadt Guben—Beeskow—Fürstenberg (Oder) lieferte Profile, die für die Deutung der Entwicklung unseres Gebietes im Pleistozän von besonderer Bedeutung sind. Hier werden nur diejenigen aufgeführt und in Abb. 2 dargestellt, die große Pleistozänmächtigkeiten aufweisen oder mit denen Aussagen über die Stratigraphie des älteren Pleistozäns möglich sind. Zur Konstruktion der Abb. 1 sind jedoch sämtliche in neuerer Zeit gestoßenen und alle geeigneten älteren Bohrungen (insgesamt über 1500) verwendet worden.

Die in unserem Gebiet ursprünglich 130 bis 250 m mächtige tertiäre Schichtenfolge ist auf weitem Raum vollständig ausgeräumt worden. Pleistozäne Sedimente reichen bei Lauschütz bis —238,0 m NN (Bohrung 60/59), bei Ziltendorf bis —157 m NN (Bohrung 83/60), bei Rießen bis —153 m NN (Bohrung 82/60), bei Schenkendöbern bis —152 m NN (Bohrung 56/59) und bei Treppeln bis —146 m NN (Bohrung 69/60), um nur die Bohrungen mit den extremsten Werten zu nennen. Die pleistozänen Sedimente liegen hier unmittelbar auf oberflächlich verwitterten Gesteinen des Keupers und der Oberen Kreide.[1])

Der Aufbau des älteren Pleistozäns ist in allen angeführten Bohrungen im wesentlichen gleich. Über dem Mesozoikum bzw. über den erhalten gebliebenen Resten des Tertiärs folgt ein Geschiebemergelhorizont (dm_1), der in einigen Bohrungen nur wenige Dezimeter, maximal aber bis 10 m mächtig ist (Bohrungen 51/59 und 56/59). Dieser Geschiebemergel, der bis faustgroße nordische Geschiebe und viel Lokalgeschiebe (vorwiegend Kreide) enthält, ist meist stark tonig und schluffig. Seine Farbe wechselt zwischen hell- und dunkelgrau. In den nur geringmächtigen Vorkommen findet man manchmal Einschaltungen von Ton-, Schluff- und Sandlagen. Dadurch gewinnt man den Eindruck, daß hier umgelagerter Geschiebemergel vorliegt. In den Bohrungen 76/60 (Schneeberg) und 63/59 (Groß Muckrow) liegen zwischen dem ersten Geschiebemergelhorizont (dm_1) und dem Mesozoikum rund 5 m glaziofluviatile Sande. Daneben sind in gleicher stratigraphischer Lage in der Bohrung Rießen (82/60) Bänderschluffe angetroffen worden. Der untere Geschiebemergelhorizont ist in den Bohrungen 69/60 (Treppeln) und 56/59 (Schenkendöbern) durch Sande geteilt.

---

[1]) Die Bestimmung des mesozoischen Gebirges erfolgte durch R. TESSIN, der auch an der Profilnahme im känozoischen Deckgebirge beteiligt war.

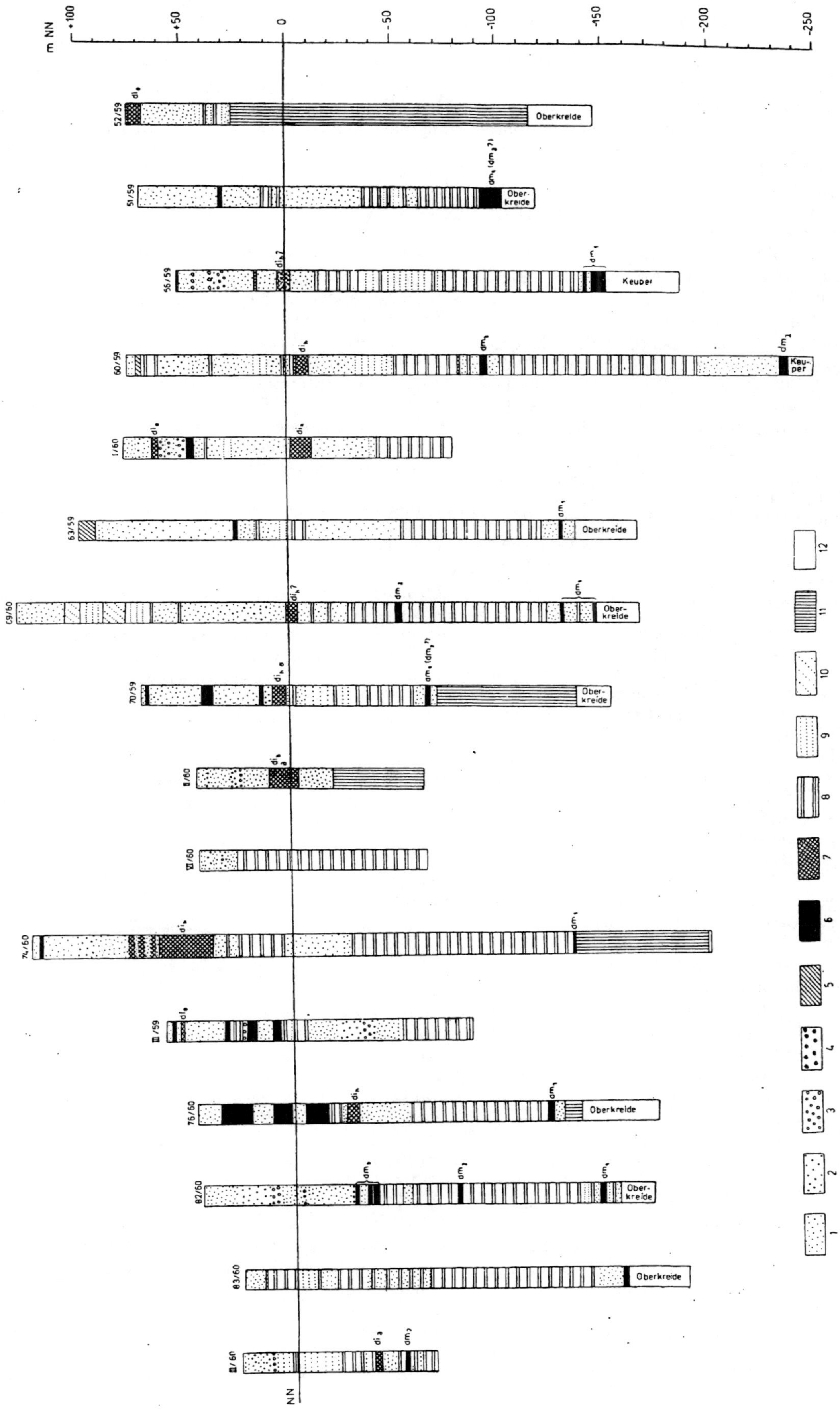

Abb. 2. Profile einiger Bohrungen

1 – Fein- und Mittelsande; 2 – Grobsand; 3 – Kies; 4 – Geschiebe; 5 – Geschiebelehm; 6 – Geschiebemergel; 7 – Interglazialablagerungen: di_h = Holstein, di_e = Eem; 8 – Bänderton und -schluff; 9 – Bändersande; 10 – Tertiärschollen; 11 – Tertiär, ungegliedert; 12 – Prätertiär

Über dem Geschiebemergelhorizont (dm_1) folgen im allgemeinen geringmächtige Sande und stets eine ungewöhnlich mächtige monotone Serie von Bänderton und -schluff, der in einigen Bohrungen unterschiedlich mächtige, gebänderte schluffige Feinsande eingeschaltet sind. Eine Ausnahme bildet die Bohrung 60/59 (Lauschütz), wo über dem ersten Geschiebemergel (dm_1) ca. 36 m mächtige Sande folgen, welche die tiefere Lage gegenüber den Nachbarbohrungen zu einem Teil ausgleichen. Die Tone sind grau bis dunkelgrau und kalkhaltig bis stark kalkhaltig. In den eingelagerten Feinsanden findet man einen großen Anteil umgelagerter tertiärer Sande (überwiegend Quarzsande, glimmer- und braunkohlenstaubführend, hellgrau bis grau, wechselnd kalkhaltig).

Die Beckensedimentation wurde durch einen zweiten Gletschervorstoß, dessen Grundmoräne (dm_2) nicht in allen Bohrungen gefunden wurde, unterbrochen (Bohrungen III/60, 83/60?, 82/60, 69/60 und 60/59). Ob der unterste Geschiebemergel in den Bohrungen 51/59, 70/59 und 82/60 zum ersten oder zweiten Gletschervorstoß gehört, läßt sich nicht feststellen.

Der Geschiebemergel (dm_2) erreicht Mächtigkeiten von 0,30 bis 3,00 m, ist grau bis dunkelgrau und stark tonig und schluffig (Aufnahme von Beckensedimenten). Unter den nur untergeordnet auftretenden Fein- und Mittelkiesen (gröbere Komponenten wurden nicht gefunden) konnten sichere südliche und einheimische Bestandteile nicht festgestellt werden.

Mit weitverbreiteten Ablagerungen interglazialer Schichten (Bohrungen I/60, II/60, III/60, 60/59, 69/60, 70/59, 74/60, 76/60 und wahrscheinlich 56/59) setzte sich die Beckensedimentation fort. Es gelangten vor allem Schluff und meist stark schluffige Kieselgur mit allen Übergängen in teilweise mehrmaligem Wechsel zur Ablagerung. Lediglich die Bohrung III/60 lieferte keine bindigen interglazialen Sedimente, sondern ausschließlich Fein- und Mittelsande. Eine Zwischenstellung nimmt das Interglazialvorkommen der Bohrung II/60 ein. Hier liegen schlecht sortierte, schmutziggraue Sande vor, die von diatomeenhaltigem Schluff überlagert werden. Die Bohrungen III/60 und II/60 brachten unzählige Schalenreste zutage, aber nur ein bestimmbares Fossil: *Viviparus diluvianus* KUNTH (Bohrung III/60). Massenhaft treten im interglazialen Schluff der Bohrung 70/59 (Neuzelle). Gastropoden auf. *Viviparus diluvianus* KUNTH ist hier sehr zahlreich vertreten (Fossilbestimmung durch E. LAZAR). In der Bohrung 60/59 (Lauschütz) wurde nach mündlicher Mitteilung von K. ERD *Azolla filuculoides* gefunden.

Die relativ gleichmäßige Ausbildung, die ungefähre Übereinstimmung der Höhenlagen der Interglazialvorkommen (abgesehen von der Bohrung 74/60, die in einem Gebiet tiefreichender glazialer Stauchungen steht) sowie ihre Lage im Profil lassen kaum daran zweifeln, daß die Vorkommen ein und demselben Interglazial angehören. In der petrographischen Ausbildung stimmen die meisten Vorkommen mit den aus dem Raum Fünfeichen (vergl. P. GROSSER & M. HANNEMANN 1960) beschriebenen überein. Dagegen entsprechen die in abweichender Ausbildung in den Bohrungen II/60 und III/60 erschlossenen Vorkommen mehr der von K. HUCKE (1941) aus dem Raum Fürstenberg (Oder) beschriebenen Paludinenbank. Durch das Auftreten von *Viviparus diluvianus* KUNTH und *Azolla filiculoides* können die Interglazialvorkommen in das Holstein-Interglazial eingestuft werden.

Die interglazialen Schichten gehen im Hangenden über periglaziären Schluff allmählich in periglaziäre Beckensande über, die die Beckensedimentation beenden. Eine befriedigende Deutung der weiter im Hangenden auftretenden Sedimente ist nicht ohne Berücksichtigung weiterer Bohrungen und einiger glazialdynamischer und morphologischer Faktoren möglich. Über entsprechende Untersuchungen soll in einem weiteren Beitrag berichtet werden.

Glazigene Lagerungsstörungen und Tektonik

Die neuere geologische Kartierung (vergl. P. GROSSER & M. HANNEMANN: Erläuterungen zu Blatt Fünfeichen, z. Z. noch unveröffentlicht) zeigte, daß besonders der Raum Fünfeichen—Fürstenberg (Oder) eiszeitlich außerordentlich stark gestört wurde. Glaziale Störungen geringerer Intensität treten daneben aber auch in der Umgebung auf. Die Bohrung VI/60 (s. Abb. 1 und 2), die die mächtige Serie von Bänderton und -schluff im Liegenden des Holstein-Interglazials bis + 26,4 m NN aufgestaucht erbohrte, veranschaulicht die tiefreichenden Dislokationen. Ähnliche tiefreichende Stauchungen sind auch im Gebiet der Bohrung 74/60 und 82/60 nachgewiesen worden. Im großen gesehen, nimmt in dem untersuchten Gebiet die Stauchungsintensität von Norden nach Süden allmählich ab.

Auch nach den Ergebnissen der neueren Bohrungen sind keine Beweise für Annahmen echter tektonischer Vorgänge im Quartär unseres Gebietes vorhanden. Es ist erwiesen, daß die Anlage und Gestaltung der pleistozänen Ausräumungszonen (Abb. 1) in unserem Gebiet nicht tektonisch erfolgt ist, da die Oberfläche des Prätertiärs zum Verlauf und zur Verbreitung der Ausräumungszonen keinerlei Beziehungen zeigt. Ob eventuell die besonders tiefe Lage der Pleistozänbasis in der Bohrung 60/59 (Lauschütz) auf tektonische Einflüsse zurückzuführen ist, kann wegen der zu weitmaschig angeordneten Beobachtungspunkte nicht entschieden werden.

Entstehung der Ausräumungszonen, Paläogeographische Betrachtungen

Überraschend und mit den bisherigen Vorstellungen von der paläogeographischen Entwicklung Norddeutschlands im Altpleistozän schwer in Einklang zu bringen sind die großen Pleistozänmächtigkeiten und vor allem die weiträumige tiefe Lage der Pleistozänbasis (z. B. Bohrung 60/59, Lauschütz = − 238,0 m NN). Die Verbreitung der Ausräumungszonen ist aus Abb. 1 ersichtlich. Nach Ansicht der Verfasser sind die Ausräumungen infolge Schmelzwassererosion von Ost nach West entstanden. Sie sind periglaziär in der Zeit vor der ersten Vergletscherung gebildet worden und dürften mit den erwähnten „Rinnen" und „Becken" an der Nordseeküste in Verbindung stehen.

Eine Erklärung der Ausräumungen durch Exaration oder Detraktion der Gletscher, wie E. KOCH (1924) für die tiefen Rinnen im Hamburger Gebiet angenommen hat, ist für unseren Raum nicht angängig. In Frage kämen nur Gletscher der Günz- und der Mindel- (Elster-) Eiszeit. Wenn auch auf Grund verschiedener Hinweise für die Mindel-(Elster-)Eiszeit in Deutschland eine generelle NE—SW-Gletscherbewegung angenommen werden muß (vgl. die Karte nach JAKOWLEW in P. WOLDSTEDT 1958, S. 121), so sind die W—E streichenden Rinnen im Gebiet von Wilhelm-Pieck-Stadt Guben keinesfalls durch Exaration zu erklären. Die Ernährung entsprechender Gletscherzungen hätte nicht ausreichend gewesen sein können, um derartig tiefe und weitreichende Ausschürfungen zu bewirken. Ferner wäre schwer zu verstehen, daß ein derartig tief ausräumender Gletscher eine nur so geringmächtige Grundmoräne hinterlassen haben sollte. Dazu kommt vor allem, daß in den stehengebliebenen Tertiärrücken keinerlei Anzeichen für ein Auftreten N—S streichender Falten vorhanden sind (die Braunkohle ist aus Nord bis Nordwest aufgestaucht bzw. liegt söhlig). Außerdem sind aus Ost aufgeschobene Tertiärschollen in den entsprechenden Teilen Norddeutschlands bisher nicht bekannt. Die in Norddeutschland auftretenden westvergenten Falten (z. B. die Braunkohle am Westrand des Oderbruches, vgl. O. ROETHE 1932) sind sicherlich in der Würm- (Weichsel-) Eiszeit, und zwar unter ganz anderen Bedingungen (morphologischen Expositionen), entstanden.

Die extrem tiefliegende Quartärbasis in den Niederlanden (A. J. PANNEKOEK 1956) wird durch säkulare Senkungen, die bereits im Präquartär nachweisbar sind, erklärt. Dazu kommen vermutlich echte tektonische Absenkungen (s. W. DECHEND 1954). Für Norddeutschland gelten neben sehr langsamen epirogenetischen Abwärtsbewegungen nacheiszeitliche isostatische Senkungen als nachgewiesen. Über die absoluten Beträge ist noch recht wenig bekannt, man nimmt im allgemeinen nur geringe Werte an. Größere Bedeutung hat das eustatische Ansteigen des Meeresspiegels während des Abschmelzprozesses nach jeder Eiszeit. In der Literatur wird häufig angegeben, daß der Meeresspiegel während der Eiszeiten um 90 m tiefer lag als heute.

Auf Grund der neuen Bohrergebnisse und der Feststellung, daß die tiefen Ausräumungszonen im besprochenen Gebiet nur durch fließendes Wasser während einer Eiszeit gebildet sein können, wird eine Überprüfung der Anschauungen über das Ausmaß der isostatischen Bewegungen und der eustatischen Meeresschwankungen für erforderlich gehalten. Es müssen die Beträge der postglazialen Senkung Norddeutschlands und vor allem des synchron verlaufenden eustatischen Meeresanstieges nach den Eiszeiten bedeutend höher liegen, als bisher angenommen.

Stratigraphie und Altersstellung

Als stratigraphisch gesicherten, weitverbreiteten Bezugshorizont beim Versuch einer altersmäßigen Einordnung können wir die Bildungen des Holstein-Interglazials ansehen. Die zwei Geschiebemergel im Liegenden des Interglazials sind danach jedenfalls älter als Riß. Während der älteste Moränenhorizont (dm_1) nahe der Quartärbasis oder direkt dem mesozoischen Untergrund bzw. dem Tertiär aufliegt, befindet sich der nächstjüngere (dm_2) bedeutend weiter im Hangenden zwischen — 50 m und — 100 m NN. Der Höhenunterschied zwischen den beiden Geschiebemergelhorizonten beträgt in der Bohrung 83/60 ca. 100 m, in den Bohrungen 82/60 ca. 70 m, 69/60 ca. 80 m und in der Bohrung 60/59 sogar rund 130 m.

Es erscheint wenig einleuchtend, daß die zwei Geschiebemergelbänke trotz des mächtigen Zwischenmittels ein und derselben Eiszeit angehören. Andererseits sind in keiner Bohrung zwischen dm_1 und dm_2 auch nur Anzeichen von interglazialen Schichten gefunden worden.

Der Geschiebemergel dm_2 gehört sicher der Mindel- (Elster-) Eiszeit an. Bei dem ältesten Geschiebemergel dm_1, der in den Bohrungen 69/60 und 56/59 durch einen Sandhorizont unterteilt ist (Oszillationen?), muß vorläufig unentschieden bleiben, ob er einem älteren mindeleiszeitlichen Gletschervorstoß oder einer selbständigen (eventuell Günz-) Eiszeit angehört. Die Verfasser sind geneigt, einer auch in Norddeutschland verbreiteten Vergletscherung in der Günz-Kaltzeit den Vorrang zu geben.

Zusammenfassung

Aus der Niederlausitz und ihrem nördlichen Grenzgebiet werden die Ergebnisse einer Anzahl tieferer Bohrungen mitgeteilt. Die ungewöhnlich tiefe Lage der Quartärbasis (z. B. in der Bohrung 60/59 bei — 238,0 m NN), die auf Schmelzwassererosion vor der ersten Vergletscherung zurückgeführt werden muß, gibt zu der Schlußfolgerung Anlaß, daß die absoluten Beträge des postglazialen eustatischen Meeresanstieges und der isostatischen Senkungen Norddeutschlands höher sein müssen, als bisher angenommen worden ist.

Unter dem weitverbreitet ausgebildeten Holstein-Interglazial werden zwei Grundmoränenhorizonte nachgewiesen, von denen der untere stellenweise durch ein Sandmittel aufgespalten vorliegt. Eine sichere stratigraphische Einstufung ist, da entsprechende interglaziale Schichten nicht gefunden wurden, noch nicht möglich. Die älteste Moränenbildung kann wahrscheinlich der Günz-Kaltzeit zugeordnet werden.

Резюме

Сообщаются данные ряда более глубоких скважин, пробуренных в Нижней Лужице и севернее Лужицы. Необычайно глубокое залегание основания четвертичных отложений (напр. в скважине н-р 60/59 при -238,0 м под уровнем моря), приуроченное к сносу тающими водами до первого оледенения, позволяет предположение, что абсолютные отметки постглациального евстатического подъема моря и изостатические опускания Северной Германии должны быть выше, чем предполагалось до сих пор.

Под широко распространенным интергляциалом им. Гольштейн доказаны два горизонта основных морен; нижняя расщепляется песчанистым прослоем. Ввиду того, что соответствующие интергляциальные отложения не были найдены, надежное стратиграфическое отнесение пока еще не представляется возможным. Древнейшее моренное образование, вероятно, можно отнести к холодному времени им. Гюнца.

Summary

Results are given of a number of deeper drillings carried out in Lower Lusatia and her northern border-district. The unusually deep location of the Quaternary base (e. g. in the drilling No. 60/59 at a mean sea-level of — 238.0 meters), which is due to melt water erosion before the first glaciation gives rise to the conclusion that the absolute amounts of the post-glacial eustatic ascent of the sea and of the isostatic depressions of North Germany must be higher than was hitherto assumed.

Below the extensively developed Holstein-Interglacial two ground moraine horizons are identified, of which the lower one presents itself in a form partially split by a sandy medium. In the absence of corresponding interglacial strata a reliable stratigraphical classification is still impossible. The earliest moraine formation can be probably associated with the Günz glacial epoch.

Literatur

ASSMANN, P.: Neue Beobachtungen in den eiszeitlichen Ablagerungen des Berliner Raumes. — Z. deutsch. geol. Ges., **109**, T. 2, Stuttgart 1958.

BERGMANN, E.: Über den tieferen Untergrund Brandenburgs. — „Die Erde", Z. Ges. Erdk., H. 1, Berlin 1955.

DECHEND, W.: Eustatische und tektonische Einflüsse im Quartär der südlichen Nordseeküste. — Geol. Jb., **68** (1954).

GROMOW, W. I., und andere: Grundprinzipien der stratigraphischen Gliederung des Quartärs. — Ber. geol. Ges. DDR, **4**, Heft 2/3, Berlin 1959.

GROSSER, P., & M. HANNEMANN: Ein neues Interglazialvorkommen im Raum Fünfeichen westlich Fürstenberg/Oder. — Geol., **9**, H. 3 (1960).

Halicki, B.: Some problems concerning the stratigraphy of the Pleistocene of the European Lowland. — Acta Geol. Polon., **1**, Warschau 1950.
— Principal sections of the Pleistocene in the Njemen basin. — Acta Geol. Polon., **2**, Warschau 1951.
Heck, H. L.: Die prädiluviale Grundfläche in Schleswig-Holstein. — Jb. preuß. geol. L.-A., **59**, 1939.
— Die hydrogeologische Situation Mecklenburgs als Grundlage für Planung und Wirtschaft. — Z. angew. Geol., Bd. 2. H. 2/3 (1956).
Hucke, K.: Weitere Vorkommen der Paludinenbank im Osten von Berlin. — Geschiebeforsch., **17**, 1941.
Illner, F.: Die Braunkohlenvorkommen in der Lausitz und in Niederschlesien. — Abh. Naturforsch. Ges., **32**, Görlitz 1934.
Jahn, A.: Quaternary of the northern part of the sheet Zamosc. — Biul. Instyt. Geol., **66**, Warschau 1952.
Jurkiewiczowa, I.: The interglacial of Szczerców. — Biul. Instyt. Geol., **67**, Warschau 1952.
Karaszewski, W.: About the presence of two older interglacial formations in the Syrniki in Wieprz profile. — Biul. Instyt. Geol., **69**, Warschau 1954.
Keilhack, K.: Die geologischen Verhältnisse der Niederlausitz mit besonderer Berücksichtigung der alten und neuen Tagebaue der Ilse-Bergbau-AG. — Festschrift 50 Jahre Ilse-Bergbau-AG, 1888—1938, Verlag Otto von Holten, Berlin 1938.
Koch, E.: Die prädiluviale Auflagerungsfläche unter Hamburg und Umgebung. — Mitt. Min.-Geol. Staatsinst., **6**, Hamburg 1924.
Krygowski, B.: Das Quartär und der Untergrund im zentralen Teil des Wielkopolska Tieflandes (West-Polen). — Biul. Instyt. Geol., **66**, Warschau 1952.
Lemcke, K.: Der voreiszeitliche Untergrund Mecklenburgs. — Hefte z. Verbr. geol. Wissens in Mecklenburg, **10** (1937).
Lewinski, J.: Die Grenzschichten zwischen Tertiär und Quartär in Mittelpolen. — Geschiebeforsch., **5**, (1929).
Linstow, O. von: Die diluvialen Depressionen im Norddeutschen Tiefland. — Z. f. Gletscherkunde, **10** (1917).
Pannekoek, A. J., und andere: Geological History of the Netherlands. — Gravenhage 1956.
Picard, E.: Über die Bedeutung der sogenannten Auswaschungsrinnen in der miozänen Braunkohlenformation. — Braunkohle, **33**, Halle 1934.
Radtke, H.: Grundlagen des Pleistozäns im Gebiet Spremberg—Frankfurt/Oder. — In: Lotsch, D.: Ergebnisbericht Spremberg—Frankfurt; Geol. Dienst Mitte, Berlin; unveröff.
Range, P.: War Deutschland drei- oder viermal vom Inlandeis bedeckt? — Z. deutsch. geol. Ges., **78** (1926).
Richter, K.: Zur Frage einer pliozänen Vereisung Norddeutschlands auf Grund neuer Funde bei Stettin. — Geschiebeforsch., **11**, 1935.
Roethe, O.: Über die Stauchungen im Braunkohlentertiär der östlichen Mark Brandenburg. — Jb. Hallisch. Verb. z. Erforsch. mitteldeutscher Bodenschätze und Verwertung, **11** (1932).
Rühle, E.: Geological profile of the Quaternary in Barkowice Mokre near Sulejów. — Biul. Instyt. Geol., **66**, Warschau 1952.
Vlerk, J. M. van der, & F. Florschütz: The palaeontological base of the subdivision of the Pleistocene in the Netherlands. — Verh. k. nederl. Akad. Wetensch., Afd. Natuurkunde, 1 k. 20, 1950.
Woldstedt, P.: Das Eiszeitalter. Bd. 2. — Stuttgart 1958.
— Norddeutschland und angrenzende Gebiete im Eiszeitalter. — Stuttgart 1955.
Wolters, R.: Nachweis der Günz-Eiszeit und der Günz-Mindel-Wärmezwischenzeit am Niederrhein. — Geol. Jb., **65**, Hannover 1951.

Neue Erkenntnisse über den prätertiären Untergrund des Flachlandes der Deutschen Demokratischen Republik[1)]

R. Meinhold, Freiberg (Sa.), E. Unger & R. Wienholz, Gommern

Die seismische und die geologische Erkundung durch Bohrungen haben im Flachlandgebiet der DDR hinsichtlich der Stratigraphie und der Tektonik bemerkenswerte Ergebnisse gebracht.

Im nordwestlichen Teil dieses Gebietes hat die Bohrung Rüting ein vollständiges Triasprofil von 2330 m erschlossen. Allein der Untere und Mittlere Buntsandstein sind ca. 970 m mächtig und enthalten im unteren Teil zwei bis zu 40 m mächtige Sandsteinpakete und Anhydritlagen. Das Röt ist mit 150 m Anhydrit und Steinsalz 330 m mächtig. Der Muschelkalk ist normal ausgebildet, auch Anhydrit- und Steinsalzbänke fehlen nicht im Mittleren Muschelkalk. Der Keuper ist wieder auffallend mächtig, allein Unter- und Mittelkeuper erreichen zusammen 570 m.

Im Lias setzt sich die Fazies des Röt fort, aber schon bald dringt das Meer von Westen nach Osten vor, und ganz Mecklenburg wird im Lias marines Sedimentationsgebiet. Hier erfolgen dann mächtige Sandschüttungen. Noch einmal treten 15 bis 30 m mächtige Sandsteine auf. Die typische Fazies des Posidonienschiefers mit 15 bis 30 m Mächtigkeit kennzeichnet den Lias ε.

Im Dogger hört die einheitliche Entwicklung des Oberen Lias wieder auf. Zwischen der Ostholsteinisch—Nordmecklenburgischen Schwelle und dem südlichen Hebungsgebiet der Altmark bildet sich ein Spezialtrog mit zum Teil großen Mächtigkeiten. In der allgemein tonigen Entwicklung fallen hier die mächtigen Sandschüttungen besonders auf. Der Dogger-Sandstein wird im Gebiet von Karstädt—Wittenberge bis 230 m mächtig, und auch im Oberen Dogger δ bis ε finden sich noch mächtige brackisch-limnische Schüttungen. Die Gesamtmächtigkeit des Doggers kann bis 1000 m betragen.

Der Malm tritt nur in den tiefsten Senken auf, z. B. in der Randsenke des Salzstockes Werle und im Bereich der Struktur Karstädt. Die Sedimentation beginnt mit Tonen, ab Oberoxford wird die Folge dann sandiger und

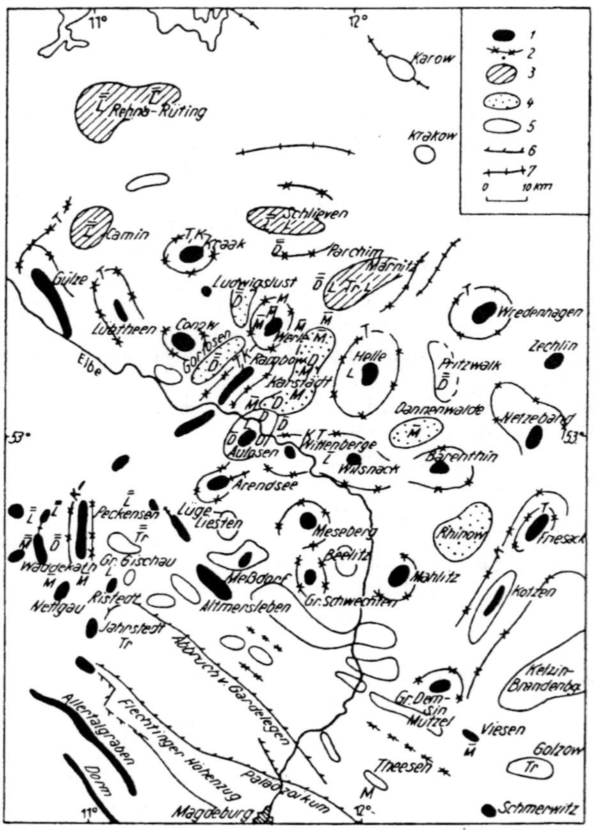

Strukturkarte von Westmecklenburg, der Prignitz und der Altmark

1 — Salzdiapire; 2 — Senken, insbesondere Randsenken der Diapire. Die eingefügten Buchstaben geben die hauptsächliche Füllung an: M — Malm, K — Kreide, T — Tertiär; 3 — Salzkissen, Salzbeulen; 4 — „Schildkröten"-Strukturen, Salzabwanderungszonen; 5 — nichtklassifizierte Strukturen; 6 — Verwerfungen; 7 — seismisch festgestellte Hochlagen, antiklinalartig, sonst nicht weiter klassifiziert. Die Buchstaben bezeichnen erbohrte präkretazische Schichten: M — Malm, D — Dogger, L — Lias, Tr — Trias. Ein Strich über dem Buchstaben: Bedeckung durch Unterkreide, 2 Striche: Bedeckung durch Unter- und Oberkreide, nicht überstrichen: nur Tertiärbedeckung

[1)] Zusammenfassung eines Vortrages, gehalten auf dem XXI. Internationalen Geologenkongreß in Kopenhagen.

kalkiger mit eingeschalteten Anhydriten, im obersten Portland treten auch dolomitische Gesteine auf. Diese Faziestypen lassen erkennen, daß die Verlandung beginnt, die schließlich zur Ablagerung der limnisch-brackischen Wealdensedimente führt. Wealden greift vielerorts über, beginnt stark sandig, wird dann tonig und endet schließlich wieder, wie in der unteren Serie, sandig-kohlig. An einigen Stellen kann es mehr als 400 m mächtig werden.

Die Transgression beginnt in diesem Gebiet mit dem Hauterive, möglicherweise mit Sedimentationslücke. Die Sedimentation ist einförmig tonig, erst im Mittelalb sind bunte Mergel eingeschaltet. Im Beckenzentrum hat die marine Unterkreide mehr als 400 m Mächtigkeit. Während dieser Zeit greift das Meer immer mehr über, und ab Oberalb ist wieder ein einheitliches Sedimentationsgebiet vorhanden.

In der stratigraphischen Entwicklung spiegelt sich die tektonische Geschichte des Gebietes wider. Die geophysikalischen Ergebnisse erlauben die Schlußfolgerung, daß das Relief der Auflagerungsfläche des Zechsteins relativ gering ist. Durch die mächtigen Salzablagerungen des Perm hat aber das mittlere Mesozoikum eine eigene Entwicklung genommen.

In der Trias lag ein großes Senkungsgebiet in Nordwestmecklenburg und Ostholstein. Mit Beginn des Lias hört die Senkung auf, unser Gebiet war ein wenig differenziertes Sedimentationsgebiet. Am Ende des Lias zeigen aber lokale Mächtigkeitsänderungen, daß die Deformation des Salzes begann. Nach seismischen Messungen muß man sogar schon in der Trias mit lokalen Mächtigkeitsänderungen rechnen. Das Salzabwanderungszentrum lag im Bereich der Strukturen Karstädt—Wittenberge—Gorlosen (s. Abb.). Die Senkungstendenz dieser Gebiete ist besonders auffällig im Dogger, wo in dem vermuteten Salzabwanderungsgebiet bis 1000 m Sedimente abgelagert wurden.

Andererseits existieren zur selben Zeit Aufwölbungsgebiete mit langer Hebungstendenz, wie die Strukturen Camin, Rehna—Rüting, Schlieven und Marnitz, die durch Schichtreduktion in fast allen Stufen gekennzeichnet sind. Sie werden als Salzakkumulationszonen gedeutet, als Salzkissen ohne Diapirbildung. Auch in anderen Gebieten, in denen später die Diapire durchbrechen, staut sich Salz an. Im Malm brechen die ersten Diapire durch das Deckgebirge, weitere folgen in der Unterkreide und im Tertiär. Wegen der durchbrechenden Salzmassen klappen die Flanken der Salzabwanderungsbecken herunter, die nunmehr zu „Schildkrötenstrukturen" werden. Die im allgemeinen kontinuierliche Salzdeformation wird durch regionale Ereignisse unterbrochen, so durch die allgemeine Transgression der marinen Unterkreide, die einen Stillstand der Bewegung anzeigt, und durch die ebenso umfassende paläozäne Transgression.

Diese regionalen Erscheinungen sowie die großtektonisch mehrfach zu beobachtende gegensätzliche und wechselnde Bewegungsrichtung in den einzelnen Gebieten zeigen, daß außer den lokalen, salztektonischen oder halokinetischen Bewegungen noch solche mit anderer Wellenlänge, Amplitude und Phase vorkommen, die ihre Ursache im tieferen Untergrund haben müssen. Die verschiedenen Bewegungen überlagern sich, verstärken sich gegenseitig oder kompensieren sich und bringen so den Rhythmus in die tektonische Entwicklung. Die Bewegungen des tieferen Untergrundes liefern den Impuls für die lokalen Deformationen, die zwar dann nach den ihnen eigenen Gesetzen ablaufen, zu Massenverlagerungen und Fließbewegungen führen, aber doch durch die langwelligen Bewegungen der Erdkruste gesteuert werden.

Literatur

Meinhold, R., E. Unger & R. Wienholz: Neue Erkenntnisse über den prätertiären Untergrund des Flachlandgebietes der Deutschen Demokratischen Republik. Mit Anhang: Zur mikropaläontologischen Gliederung des Malms, insbesondere des Kimmeridge und Portlands in Westmecklenburg (von E. Wienholz). — Int. Geol. Congr., Report of twenty-first session Norden 1960, part XI, Kopenhagen 1960, S. 87 bis 100. 6 Abb.

Zur Definition und Klassifizierung einiger erdölgeologischer Begriffe

Frank Wegert, Leipzig

Erdölfalle, Erdöllagerstätte und Erdölfeld sind drei Grundbegriffe, die der Erdölgeologe bei seiner Arbeit ständig verwendet. Er gebraucht sie, weil sie der Erkundungsmethodik als Grundlage dienen; denn auf sie ist die Erkundung gerichtet, und von ihren Typen hängt die Methodik derselben ab. Allein deshalb ist es erforderlich, daß gerade diese Begriffe klar definiert und richtig angewendet werden. Leider muß aber festgestellt werden, daß diese notwendige Klarheit in der deutschen Literatur nicht in dem erforderlichen Maße zu finden ist. Als Folge davon sind sich unsere, vor allem noch die jungen, Erdölgeologen hierüber oft im unklaren. Dadurch treten in ihren Projekten, Berichten und anderen Ausarbeitungen Verwechslungen dieser Begriffe auf. Vorliegende Arbeit soll nun dazu beitragen, bald zu einer einheitlichen, klaren Terminologie zu gelangen. Die Definition obiger Begriffe soll kein Dogma darstellen, sondern vielmehr als Diskussionsgrundlage dienen.

Bevor auf die Typen und deren Klassifizierung eingegangen wird, zunächst einige Definitionen, wie sie von Brod & Jeremenko (1957) gegeben wurden. Es muß noch darauf hingewiesen werden, daß sich Erdöl nur dann in einer Lagerstätte akkumulieren kann, wenn ein Speichergestein vorhanden ist, das ein natürliches Reservoir darstellt, und letzteres eine Falle bildet. „Speicher sind Gesteine, die über die Fähigkeit verfügen, Erdöl und Erdgas aufzunehmen und bei einer Förderung abzugeben. Ein natürliches Reservoir ist ein natürliches Behältnis für Erdöl, Erdgas und Wasser, dessen Form durch das Verhältnis des Speichergesteins zu den umgebenden wenig permeablen Gesteinen bedingt ist." Ein natürliches Reservoir ist also z. B. eine von Tonen umgebene Sandsteinschicht oder -linse, eine klüftige Zone in dichten Kalksteinen oder ein poröses Korallenriff, umgeben von Tonen.

„Eine Falle ist ein Teil des natürlichen Reservoirs, in dem sich ein relatives Gleichgewicht der beweglichen Komponenten einstellen kann und in dem vorwiegend die Schwerkraft wirkt." Dadurch wird also die Falle zum Ort einer möglichen Akkumulation der Fluide erklärt, wobei sich diese, ihre Anwesenheit vorausgesetzt, nach ihren spezifischen Gewichten trennen. Diese Bedingungen erfüllen höhergelegene Teile der natürlichen Reservoire, wenn sie nicht von fließenden Schichtwässern durchspült werden. Eine Erdölfalle ist also noch keine Erdöllagerstätte, sondern nur der Ort einer möglichen Bildung derselben. „Jede einzelne elementare Erdölakkumulation ist eine Erdöllagerstätte. Wenn sie groß genug für einen Abbau ist, wird sie eine industrielle Lagerstätte genannt." Disperse Kohlenwasserstoffe stellen keine Lagerstätte dar. Die Form der Lagerstätte wird durch die Form der Falle bestimmt.

Nun tritt aber selten eine einzelne Erdölakkumulation allein auf, sondern in Verbindung mit einer Struktur treten meist mehrere Lagerstätten auf. „Die Gesamtheit aller Lagerstätten, die ein und demselben Abschnitt der Erdoberfläche zugeordnet sind und deren Bildung durch ein Strukturelement bedingt ist, wird Erdölfeld genannt" (BROD & FROLOW 1957). So ein Strukturelement kann z. B. ein Salzstock sein. Er kann die Bildung einer ganzen Reihe von Lagerstätten bedingen, und zwar an seinen Flanken, auf seinem Top, an Störungen, an Transgressionsdiskordanzen.

Die Gesamtheit der durch den Salzstock möglich gewordenen Lagerstätten, die auf einem begrenzten Raum neben- und übereinander liegen, bildet ein Erdölfeld. Dabei muß das Erdölfeld nicht immer aus mehreren Lagerstätten bestehen. Wenn z. B. an dem schon erwähnten Salzstock nur eine Lagerstätte gebildet worden bzw. erhalten geblieben ist, so handelt es sich auch um ein Feld. Diese Unterscheidung ist von grundsätzlicher Bedeutung; denn der Typ des Feldes wird durch das bedingende Strukturelement, der Typ der Lagerstätte aber durch die Art des natürlichen Reservoirs und der Falle bestimmt.

Die verschiedenen Lagerstätten lassen sich nach den verschiedensten Gesichtspunkten gliedern. So unterscheidet man in Abhängigkeit vom Lagerstätteninhalt Erdöl-, Gas/Erdöl- und Gaslagerstätten; in Abhängigkeit vom Lagerstättenregime Lagerstätten mit Wassertrieb, solche mit Gastrieb usw.; nach der Beschaffenheit des Speichers Kluftlagerstätten u. a. usw. Für den Geologen in der Erdölerkundung ist jedoch eine Gliederung nach dem Typ der Falle und der Art des natürlichen Reservoirs von größter Bedeutung, da sie entscheidend für die Auswahl der Erkundungsmethodik ist. An das Aufsuchen von Lagerstätten auf dem Top einer Struktur wird man anders herangehen als an die Erkundung von Lagerstätten, die an auskeilende Schichten an der entfernteren Flanke der Struktur gebunden sind. In der Sowjetunion existiert eine ganze Reihe von guten Klassifikationen, wenn ihnen auch noch einige Mängel anhaften. So legen einige Autoren nur morphologische Gesichtspunkte zugrunde; andere versuchen nach genetischen Merkmalen zu klassifizieren, können

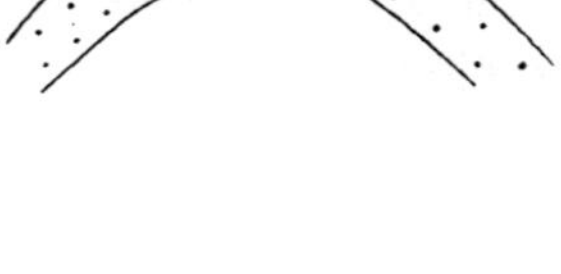

Abb. 1. Schema einer Toplagerstätte

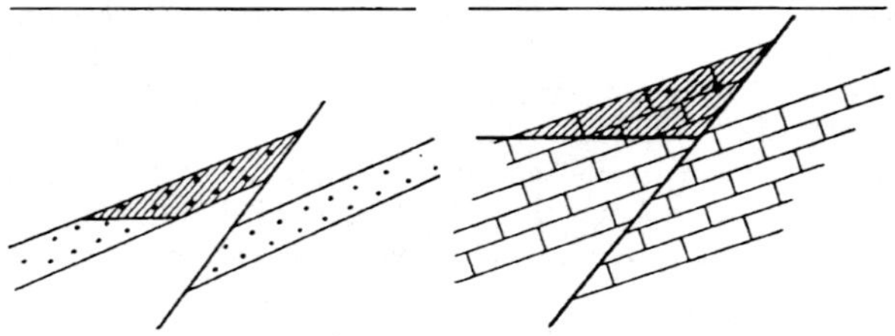

Abb. 2. Schema einer Lagerstätte an einer Störung
a) Schichtreservoir, b) massives Reservoir

dabei aber die Migrationsprozesse nicht berücksichtigen und beschränken sich daher auf die Genesis der Fallen. Neuere Arbeiten hierzu wurden u. a. von BROD (1957), ABRAMOWITSCH (1955), MIRTSCHINK (1955), USPENSKAJA (in: BROD & JEREMENKO 1957) veröffentlicht. In allen diesen Klassifikationen findet man einmal eine Trennung in strukturelle, stratigraphische und lithologische Fallen, ausgehend davon, ob eine strukturelle Form im engeren Sinne, eine Transgression oder das Ausbeißen bzw. ein fazieller Wechsel des Speichergesteins die Hauptursache für die Bildung der Falle war, und andererseits wird ein Schichtreservoir, ein massives und ein lithologisches Reservoir unterschieden in Abhängigkeit davon, ob das natürliche Reservoir durch eine Schicht geringerer Mächtigkeit, durch ein mächtiges permeables Schichtenpaket oder durch permeable Zonen in nichtpermeablen Gesteinen (z. B. Linsen u. a.) gebildet wird. In mehr oder weniger starkem Maße bildet diese Gliederung der Fallen und der natürlichen Reservoire die Grundlage der Klassifikation der Erdöllagerstätten. Es soll aber nicht Aufgabe vorliegender Arbeit sein, alle Klassifikationen gegenüberzustellen, sondern es sollen nur einzelne Begriffe definiert werden. Aus diesem Grunde

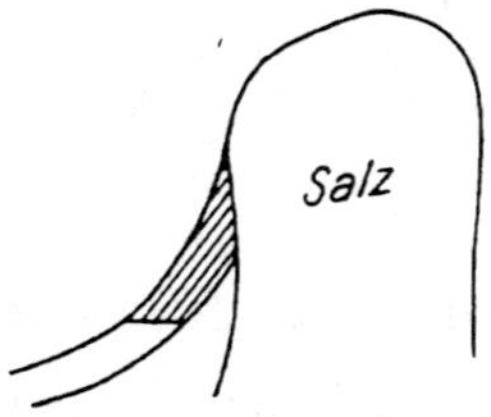

Abb. 3. Schema einer Kontaktlagerstätte

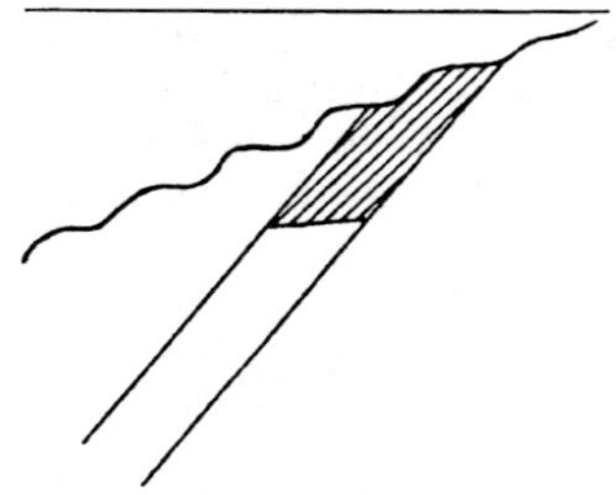

Abb. 4. Schema einer Transgressionslagerstätte

wird eine vereinfachte und gekürzte Gliederung gegeben, die sich aber im wesentlichen auf die genannten Autoren stützt.

Zunächst kann man die Lagerstätten, ähnlich wie die Erdölfallen, in drei Gruppen trennen. In diesen Gruppen kann man dann wieder verschiedene Typen entsprechend verschiedenen Gesichtspunkten unterscheiden.

1. Gruppe: Strukturelle Lagerstätten

a) Toplagerstätten (Abb. 1) sowie die durch tektonische Flächen begrenzten Lagerstätten

b) Lagerstätten an Störungen (Abb. 2)

c) Kontaktlagerstätten (Abb. 3)

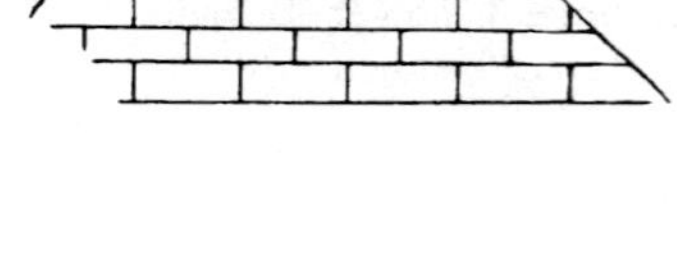

Abb. 5. Schema einer Rifflagerstätte

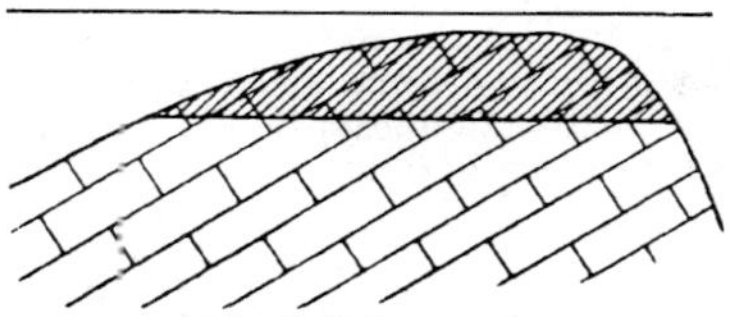

Abb. 6. Schema einer Erosionslagerstätte

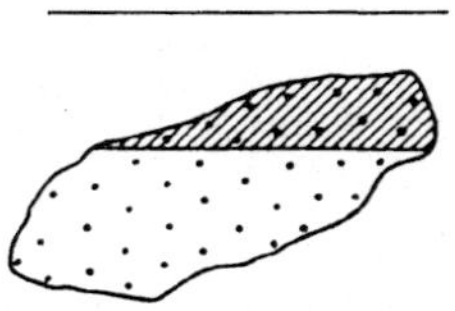

Abb. 7. Schema einer Lagerstätte in einer Linse

Bei a) erreicht der Speicher durch eine strukturelle Verbiegung eine lokale Hochlage und bildet eine Falle. Bei b) entsteht eine Erdölfalle durch das Verschieben des Speichers entlang einer Störung gegen nichtpermeable Schichten und bei c) durch Begrenzung des Speichers am Kontakt mit Diapiren, magmatischen Körpern und anderen. Infolge Erdölakkumulation in diesen Fallen bildeten sich dann Lagerstätten.

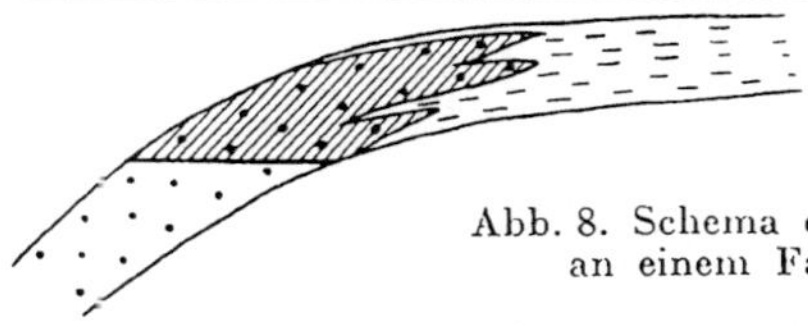

Abb. 8. Schema einer Lagerstätte an einem Fazieswechsel

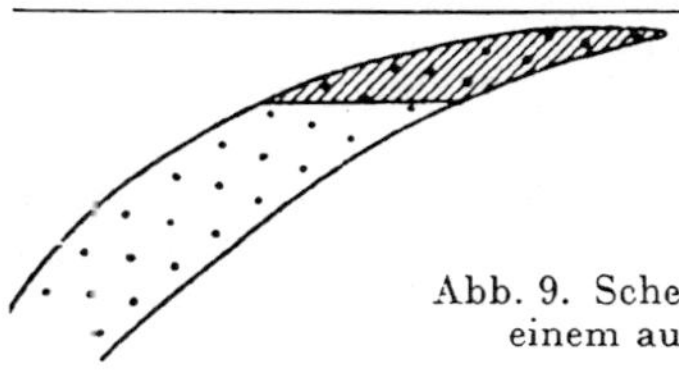

Abb. 9. Schema einer Lagerstätte in einem ausbeißenden Speicher

2. Gruppe: Stratigraphische Lagerstätten

In Abhängigkeit von der Art des natürlichen Reservoirs und der Genesis der Falle lassen sich in dieser Gruppe ebenfalls mehrere Typen ausgliedern, die aber alle an stratigraphische Diskordanzen gebunden sind.

a) Transgressionslagerstätten (Abb. 4)

b) Rifflagerstätten (Abb. 5)

c) Erosionslagerstätten (Abb. 6)

Erosionslagerstätten bildeten sich in Massiven eines älteren erodierten Reliefs, die später mit jüngeren Sedimenten bedeckt wurden und so durch die Erosion bedingte Fallen darstellen. Bei b) und c) handelt es sich meist um massive natürliche Reservoire.

3. Gruppe: Lithologische Lagerstätten

Hierzu gehören Lagerstätten, die sich an Ausbissen des Speichers, an Orten eines faziellen Wechsels, in linsenartig lagernden Speichern und an Orten einer erhöhten Permeabilität durch Klüftigkeit, Auslaugung u. a. gebildet haben (Abb. 7—9). Die für die Lagerstättenbildung notwendige Falle wird also durch einen lithologischen Wechsel der Schicht hervorgerufen, der nicht direkt mit stratigraphischen Diskordanzen oder Verschiebungen an tektonischen Flächen in Zusammenhang steht. Es wird natürlich nicht immer möglich sein, alle auftretenden Formen einwandfrei der einen oder anderen Gruppe einer Klassifikation zuzuordnen; denn besonders bei den Lagerstätten gibt es zahlreiche Übergangsformen.

Die Erdölfelder wurden von I. O. BROD (1957) wie folgt gegliedert:

I. Erdöl- und Erdgasfelder in Erdöl- und Erdgasbecken in Faltengebieten (Vortiefen und Innensenken)

A. Erdölfelder, die an Antiklinalfalten gebunden sind:

1. an normale Antiklinalen
2. an durch Diapire, Intrusiva und Salztektonik komplizierte Antiklinalen
3. an Falten in Überschiebungsdecken

B. Erdöl- und Erdgasfelder, die an Monoklinalen gebunden sind:

1. im Bereich von Störungen und anderen strukturellen Komplikationen
2. im Bereich von Ausbißzonen und Diskordanzen

II. Erdöl- und Erdgasfelder in Becken in Tafelgebieten

A. Erdöl- und Erdgasfelder, die an Brachyantiklinalen und domartige Erhebungen gebunden sind:

1. Felder an vererbten Erhebungen
2. Felder an verdeckten Erhebungen
3. Salzstockfelder

B. Felder, die an Riff- und Erosionsmassive gebunden sind

C. Felder, die an regionale Tafelmonoklinalen gebunden sind (Homoklinalen):

1. im Bereich von Störungen und anderen strukturellen Komplikationen
2. im Bereich von Ausbißzonen und Diskordanzen

D. Erdölfelder, die an Synklinalen gebunden sind

In diesen verschiedenen Feldertypen kann man verschiedene Lagerstättentypen finden. Als Beispiel sei hier ein Salzstockfeld beschrieben (Abb. 10). Der Salzstock kann durch seine Entwicklung die Voraussetzung für folgende Lagerstättentypen schaffen: Toplagerstätten, Lagerstätten an Störungen, Kontaktlagerstätten, Transgressionslagerstätten und lithologische Lagerstätten. Toplagerstätten, Lagerstätten an Störungen, Transgressionslagerstätten und lithologische Lagerstätten

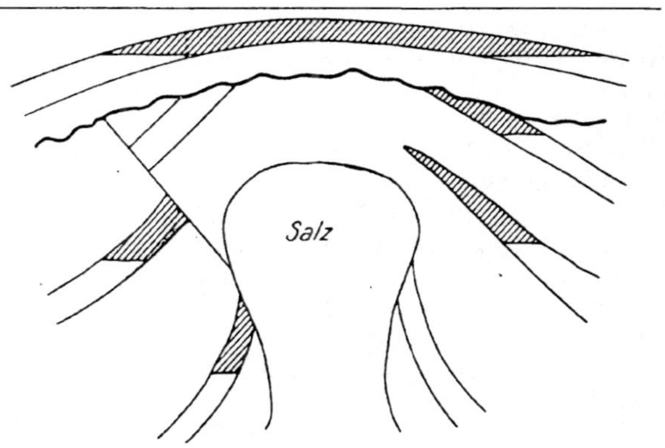

Abb. 10. Schema verschiedener in einem Salzstockfeld möglicher Lagerstättentypen

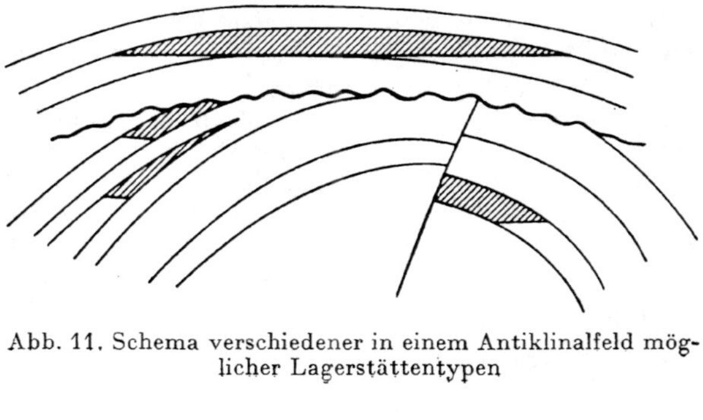

Abb. 11. Schema verschiedener in einem Antiklinalfeld möglicher Lagerstättentypen

sind jedoch auch an Antiklinalen anzutreffen (Abb. 11). Man kann also nicht von antiklinalen und salztektonischen Lagerstätten sprechen, wie es z. B. von MALZAHN (1960) getan wird. Die klare Trennung der beiden Begriffe Erdölfeld und Erdöllagerstätte vermißt man jedoch nicht nur in der westdeutschen Literatur, sondern auch in Veröffentlichungen in der Deutschen Demokratischen Republik. So spricht z. B. auch MEINHOLD (1960) von Salzstocklagerstätten. In der gleichen Arbeit werden unter anderem auch Antiklinalen und Lagerstätten gleichgesetzt. Abgesehen davon, daß der Begriff Antiklinallagerstätte nicht haltbar ist, muß aber auch klar zwischen der Antiklinale, die eine bestimmte strukturelle Form darstellt, und der Lagerstätte oder dem Feld, das an diese bestimmte strukturelle Form gebunden ist, unterschieden werden.

Es soll noch einmal darauf hingewiesen werden, daß Erdölfalle, Erdöllagerstätte und Erdölfeld für ähnliche Begriffe angewandt werden, die man aber trotzdem klar unterscheiden muß. Es wäre im Interesse der ausgedehnten Erdöl- und Erdgaserkundung in der Deutschen Demokratischen Republik wünschenswert, wenn auch diese Probleme in der Literatur eine entsprechende Widerspiegelung finden und eindeutig und exakt behandelt würden.

Zusammenfassung

Um in der Erdölgeologie zu einer einheitlichen klaren Terminologie zu gelangen, die in der deutschen Literatur nicht in dem erforderlichen Maße zu finden ist, wird von Verf. in vereinfachter Form die von BROD & FROLOW und von BROD & JEREMENKO gegebene Definition einiger erdölgeologischer Begriffe zur Diskussion gestellt.

Резюме

С целью создания единой ясной терминологии, еще не существующей в области нефтяной геологии в немецкой литературе, автор в упрощённой форме ставит на обсуждение предложенное БРОД & ФРОЛОВЫМ, БРОД & ЕРЕМЕНКО определение нескольких понятий нефтяной геологии.

Summary

In order to reach a standard and proper terminology in petroleum geology, to the necessary extent missing in the German literature, the definition of some terms of oil-geology, given by BROD & FROLOW and BROD & JEREMENKO, is formulated by the author in a simplificated manner and made by him a subject for discussion.

Literatur

ABRAMOWITSCH, M. W.: Aufsuchen und Erkundung von Erdöl- und Erdgaslagerstätten. — Asnefteisdat, Moskau 1955 (russ.).
BROD, I. O., & E. F. FROLOW: Aufsuchen und Erkundung von Erdöl- und Erdgasfeldern. — Gostoptechisdat, Moskau 1957 (russ.).
BROD, I. O., & N. A. JEREMENKO: Grundlagen der Erdöl- und Erdgasgeologie. — Gostoptechisdat, Moskau 1957 (russ.).
KREMS, A. J.: Aufsuchen und Erkundung von Erdöl- und Erdgaslagerstätten. — Gostoptechisdat, Moskau 1959 (russ.).
MALZAHN, E.: Die Strukturtypen der deutschen Erdöllagerstätten, Stand und Aussichten der heimischen Gewinnung. — Erdöl und Kohle, H. 2, 1960.
MEINHOLD, R.: Der geologische Bau und die Erdöl- und Erdgasführung der Deutschen Demokratischen Republik und der angrenzenden Gebiete des Norddeutschen Flachlandes. — Geologie, Beih. 27 (1960).
MIRTSCHINK, M. F.: Über die Prinzipien der Klassifizierung der Erdöl- und Erdgaslagerstätten. — Neftjanoje Chosaistwo, H. 5, 1955 (russ.).

Zur Diskussion über die Bildung des Erdöls und seiner Lagerstättenentstehung

GEORG RUDAKOW, Ufa (UdSSR)

Eine der wichtigsten Aufgaben bei derErdölerkundung ist die Vervollkommnung unserer Kenntnisse über die Entstehung des Erdöls und über die Bildung der Erdöllagerstätten.

In der UdSSR wurde das Problem der Erdölgenese in den letzten Jahren zweimal diskutiert, und zwar 1957 in Lwow und 1958 in Moskau. Auf diesen Tagungen wurde der Hypothese der erdölproduzierenden Schichten[1]) und der Theorie von der Bildung des Erdöls aus dispersem organischem Material die anorganische Theorie der Erdöltiefenentstehung von Prof. Dr. NIKOLAI A. KUDRJAWZEW (1959 und 1960) gegenübergestellt.

Bereits in seiner 1957 veröffentlichten Arbeit gab N. KUDRJAWZEW eine ausführliche, geologisch begründete Übersicht über die Genesis der Erdölvorkommen. Er stellte eindeutig heraus, daß die Bildung der Lagerstätten nur auf verfügbare geeignete Speichergesteine und Strukturen zurückzuführen und völlig unabhängig von der stratigraphischen Situation ist.

Ein Beitrag mit neuen Beweisen für die anorganische Theorie wurde unter anderem von Prof. Dr. P. N. KROPOTKIN (1959) vorgelegt. Merkmale, die eine Erdöltiefenentstehung beweisen, wurden auch mehrfach in den USA gefunden (vgl. G. D. ELLS 1959).

Die anorganische Theorie wurde unter anderem durch die negativen Ergebnisse der in den letzten Jahren in der Sowjetunion durchgeführten Suche nach den sedimentären erdölproduzierenden Schichten (dieser Begriff ist in recht verschiedener Weise definiert worden, je nach geologischen oder genetischen Ansichten) bestätigt.

Eine Begründung der Erdölgenese aus dispersem organischem Material konnte auch nicht durch CLARKEzahl-Analysen (P. E. CHARITONOW 1959) erreicht werden.

Neue Forschungen ergaben (K. B. ASCHIROW 1960), daß sogar in paläozoischen Sedimenten auftretende Lagerstätten, z. B. im Wolga—Ural-Gebiet, erst im Tertiär—Quartär gebildet wurden. Weiterhin muß erwähnt werden, daß die verschiedenen Erdöle dieser Region etwa zur gleichen Zeit entstanden sind, wie durch D_2O-Analysen des Lagerstättenwassers kürzlich nachgewiesen werden konnte.

Die Beziehungen zwischen nachgewiesenen Erdölvorräten und Lagerstättentiefe (G. M. KNEBEL u. a. 1956) weisen andererseits eindeutig auf die Abhängigkeit der Erdölvorkommen von Spalten und Tiefenbrüchen bis zum kristallinen Untergrund, wie von J. N. GODIN (1958) im Wolga—Ural-Gebiet gezeigt wurde, hin. Ein Schema der vertikalen Migration in Faltengebieten ist in der Abbildung wiedergegeben.

Aus der zitierten Literatur geht deutlich hervor, daß die Behauptungen, Erdöl habe sich aus dispersem

[1]) Etwa gleich dem deutschen Begriff „Muttergesteine" (d. Red.)

organischem Material gebildet, nicht vollkommen begründet erscheinen. Infolgedessen muß das Grundschema der Methodik der Erdölprospektion sorgfältig überprüft werden und darf sich nicht auf problematische Hypothesen stützen.

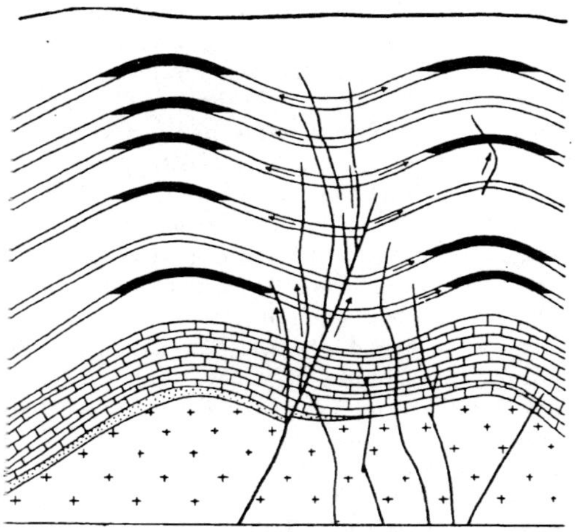

Schema der vertikalen Erdölmigration in Faltengebieten nach N. A. KUDRJAWZEW

Die Notwendigkeit einer Vervollkommnung unserer Vorstellungen über die Erdölgenese verlangt Verbindung zur Physik, physikalischen Chemie usw., um mit Hilfe dieser Wissenschaftszweige neue Erkenntnisse zu gewinnen. Zur Begründung der Theorie der anorganischen Erdölbildung muß auch ein geochemischer Plan ausgearbeitet werden.

Besondere Anforderungen stellen die Anhänger der anorganischen Theorie an geophysikalische (gravimetrische und magnetische) Regionalaufnahmen und an seismische Regionalmessungen. Diese Untersuchungen sollen tiefe Aufschlußbohrungen bis zum kristallinen Untergrund in Bruchzonengebieten vorbereiten.

Eine rege Diskussion über die Erdölbildung und Entstehung der Erdöllagerstätten wird bestimmt sehr erwünscht und zeitgemäß sein.

Literatur

ASCHIROW, K. B.: Zur Frage der Bildungszeit der Erdöl- und Gaslagerstätten des mittleren Wolgagebiets. – Geologija Nefti i Gasa, Nr. 6, S. 23, 1960.

CHARITONOW, P. E.: Über die Verwandlung organischer Substanz in Erdöl. – Wiss. Schriften d. Saratow-Universität, Vol. 65, Geol. Ausg., S. 129, Saratow 1959.

ELLS, G. D.: Silurian Rocks Have Oil and Gas Potentials. – World Oil, Vol. 149, Nr. 4, S. 88 (1959).

GODIN, J. N.: Die komplexen regionalgeophysikalischen Forschungen im Südosten der Russischen Plattform. – Geologija nefti, Nr. 5, S. 37, 1958.

KNEBEL, G. M., u. a.: Habitat of some Oil. – Bull. Amer. Assoc. Petrol. Geol., Vol. 40, Nr. 4, S. 547 (1956).

KROPOTKIN, P. N.: Die geologischen Bedingungen des Entstehens des Lebens auf der Erde und die Probleme der Erdölherkunft. – Beitr. d. Internat. Konf., Akad. Wiss. UdSSR, S. 88, 1959

KUDRJAWZEW, N. A.: Die grundsätzlichen Gesetzmäßigkeiten der Erdöllokalisierung in Erdölregionen. – Bulletin Moskowskowo Obschtschestwa Ispytatelej Prirody, geol. Ausg., Vol. XXXII, H.4, S. 3 (1957).

– Der Mechanismus der Bildung der Erdöl- und Erdgaslagerstätten. – In: Problem der Erdölmigration und Formierung der Erdöl- und Erdgasvorkommen, S. 136, Gostoptechisdat, Moskau 1959.

– Über die Herkunft des Erdöls. – In: Proischoshdjenije Nefti i Gasa, S. 50, Gostoptechisdat, Moskau 1960.

„Organiker“ und „Anorganiker“

Beitrag zur Diskussion über die Erdölgenese

ERICH LANGE, Berlin

Mit dem Aufsatz von RUDAKOW ist in unserer Zeitschrift, in der bekanntlich alle strittigen Fragen der praktischen Geologie behandelt werden, ein Anhänger der Theorie von der anorganischen Entstehung des Erdöls zu Worte gekommen. Dies gibt uns Veranlassung, kurz zu dem Meinungsstreit, ob das Erdöl organischer oder anorganischer Herkunft sei, Stellung zu nehmen.

Das von RUDAKOW gebrachte Schema von KUDRJAWZEW über die Entstehung des Erdöls im Kristallin, seine vorwiegend vertikale Wanderung auf Spalten und Brüchen, um sich in den oberen Stockwerken dann in mehr seitlicher Richtung auszubreiten und dort in Fallen Lagerstätten zu bilden, bringt als einzig Neues den angeblichen Ursprung aus dem Kristallin.

Der kristalline Untergrund aller erdölhöffigen Gebiete setzt sich aus zwei Hauptkomponenten zusammen, aus magmatischen Gesteinen und aus metamorphen, die vorwiegend umgewandelte Sedimente sind. Wären diese kristallinen Gesteine wirklich diejenigen, in denen sich die Bildung von Erdöl und Erdgas vollzog und heute noch vollzieht, dann müßte die Oberfläche der kristallinen Schilde dem Erdölbildungszentrum am nächsten liegen und es müßten Länder wie Norwegen, Schweden, Finnland und viele andere ganz besonders erdölhöffig sein. Jeder Erdölgeologe weiß, daß dies nicht der Fall ist. Die zahlreichen Höffigkeitskarten aus allen Kontinenten, die die kristallinen Schilde als für Erdöl und Erdgas nichthöffig ausweisen, geben den wahren Sachverhalt wieder.

Die großen Akkumulationen von Erdöl und Erdgas sind an mächtige Sedimentpakete gebunden. Es muß somit ein enger Zusammenhang zwischen den wirtschaftlich nutzbaren Akkumulationen von Erdöl und Erdgas und der Genese der Sedimente bestehen.

Die „Anorganiker“ sehen in der weltweiten Verbreitung der Erdöl- und Erdgasvorkommen und in ihrem Auftreten in allen Formationen vom Kambrium bis zum Pleistozän einen Hinweis dafür, daß diese Kohlenwasserstoffe irgendwo in der Tiefe im Untergrund der oberen Stockwerke entstanden sein müßten — und darin dürften sie recht haben. Die Ansicht vieler „Organiker“, daß sich Erdöl und Erdgas unter besonders günstigen Verhältnissen schon in den oberen Stockwerken der Erdkruste, in denen in geringen Teufenlagen auftretende Lagerstätten einstmals die Basis für die neuentstehende Erdölindustrie bildeten, entwickelt haben müßten, ist abzulehnen. Denn kein in Entstehung begriffenes Erdöllager ist bisher einwandfrei in oberen Stockwerken der Erdkruste festgestellt worden. Die in immer größerem Maße in den Sedimentpaketen aller Länder erfolgreich durchgeführten Tiefbohrungen über 3000 m Teufe zeigen vielmehr, daß die in der Tiefe auftretenden Kondensatlagerstätten sich wesentlich von den in höheren Stockwerken auftretenden „klassischen" Erdöl-, Erdgas- und Gaskappenlagerstätten unterscheiden. Nach dem heutigen Stand der Erforschung der Erdkruste wird man in den Gas/Öl-Gemischen der Kondensatlagerstätten die fließbare und migrationsfähige Muttersubstanz erblicken müssen, aus der sich infolge tektonisch bedingter Migration durch Entspannung die „klassischen" Lagerstättentypen in den oberen wenig oder kaum metamorphen Stockwerken bildeten.

Wie entstanden nun die Gas/Öl-Gemische in der Tiefe, die Kondensate enthaltenden Naßgase? Daß sie nicht an der Erdoberfläche oder in ihrer Nähe entstanden sein können, ist eindeutig; denn sie befinden sich in überkritischem Zustand. Ebenso wie Anthrazite und Graphite sich nicht sedimentär an der Oberfläche bilden können, kann auch ein Naßgas nicht an der Erdoberfläche entstehen. Zweifellos stammen die Naßgase aus organischen Resten, eine ganze Reihe ihrer chemischen Bestandteile beweist das.

Niemand bezweifelt auch, daß organische Reste, die an der Erdoberfläche sedimentiert wurden, in der Tiefe zu Anthrazit und Graphit umgewandelt worden sind. Bei dieser Metamorphose verloren sie unter erhöhtem Druck und erhöhter Temperatur in Gestalt flüchtiger Bestandteile diejenige Masse, die bei den neuentstehenden geochemischen Verhältnissen nicht mehr stabil bleiben konnte. Nicht im Kristallin, wie KUDRJAWZEW und seine Anhänger annehmen, sondern im Stockwerk über dem Kristallin, in dem sich eine mittlere bis starke Metamorphose auswirkt (KHALIFEH 1960, S. 278)[1]), bildeten sich aus organischen Resten Naßgase in überkritischem Zustand, aus denen sich dann, soweit nach der Wanderung in höhere Stockwerke eine Entspannung und Abkühlung eintrat, klassische Erdöl- und Erdgaslagerstätten in Strukturfallen bildeten. Schon an der Erdoberfläche können sich kohlenwasserstoffhaltige Verbindungen als Mikronaphtha bilden (WASSOJEWITSCH). Diese kleinen Kohlenwasserstoffanhäufungen, durch Anreicherung zunächst plastischer oder flüssiger organischer Bestandteile entstanden, nehmen zu, wenn mikronaphthahaltige Gesteine infolge tektonischer Absenkungen in wärmere und druckreichere Stockwerke gelangen. Es bilden sich dann mehr Gasbläschen und mehr Öltröpfchen. Ein weiteres Absinken hat zur Folge, daß die nun schon in größeren Mengen auftretenden Kohlenwasserstoffe zu wandern beginnen, sich vereinigen und, wie es in der Skizze von KUDRJAWZEW dargestellt ist, zusammenfließen und in Fallen Lagerstätten bilden. Die Etage, in der sich die Erdöl/Erdgas-Entstehung vollzieht, dürfte eine Mächtigkeit von mindestens 5000 m, wahrscheinlich noch mehr, haben, so daß der Erdölentstehungsraum etwa zwischen 3000 und 10000 m Teufe liegen dürfte.

Zur Bildung von Erdöl und Erdgas aus inkohlten oder bitumisierten organischen Resten ist eine Energiequelle nötig, die das physikalische und geochemische Milieu, in dem sich die abgesunkenen Kohlenwasserstoffanhäufungen befinden, verändert. Erhöhte Temperatur und erhöhter Druck liefern gemeinsam diese Energie. Erkennt man das, dann werden metaphysische Ansichten über geheimnisvolle Vorgänge in sogenannten Muttergesteinen, wie sie mitunter „Organiker" vertreten, verschwinden.

[1]) Geringe Metamorphose entspricht Glanzbraunkohle bis Flammkohle, mittelstarke Metamorphose entspricht Fettkohle, starke Metamorphose entspricht Anthrazit.

Jedes Gestein, das primär organische Reste einschließt, muß auf seinem Weg bis zur Graphitisierung flüchtige Kohlenwasserstoffe abgeben. Welche enormen Mengen hierbei entstehen, ist aus den Berechnungen KOSLOWS (1960) gut zu ersehen. Diese Mengen müssen sich oberhalb des kristallinen Sockels anhäufen, wenn sich ein Krustenteil in ständiger Absenkung befindet, die bewirkt, daß sich an der Erdoberfläche neue Sedimente ablagern, während gleichzeitig in der Tiefe ältere Sedimente stärker metamorphosiert werden.

Die Migration erfolgt also in zwei Etappen:

a) Das in den Gesteinen der oberen Stockwerke enthaltene Mikronaphtha wandert zusammen mit den ihm vergesellschafteten festen organischen Bestandteilen als unbeweglicher syngenetischer Gesteinsbestandteil von oben nach unten bis in den Mobilisierungsraum, in dem Hitze und Druck seine flüchtigen Bestandteile auszutreiben beginnen.

b) Im Mobilisierungsraum bewirken die veränderten geochemischen und physikalischen Verhältnisse eine Umkehr der Migrationsrichtung; denn die entsprechenden Erdöl/Erdgas-Gemische migrieren von unten nach oben in umgekehrter Richtung wie das im gleichen sinkenden Krustenteil von oben nach unten wandernde Mikronaphtha.

RUDAKOW schneidet auch die Frage des Alters der Erdöllagerstätten an. Es ist offensichtlich so, daß in einem ständig sinkenden Krustenteil, also in einem großen Sedimentationsbecken, die ältesten beweglichen Kohlenwasserstoffe aus den heute im kristallinen Sockel steckenden graphithaltigen, hochmetamorphen Gesteinen stammen. Die jüngsten beweglichen Kohlenwasserstoffe (Kondensate, Erdöle und Erdgase) entstehen durch Metamorphose im Mobilisierungsraum, also über dem kristallinen Sockel und unter den gar nicht oder nur schwach veränderten Gesteinen der oberflächennahen Stockwerke.

Zur Migration ist noch zu sagen, daß sie sowohl vertikal wie horizontal in Schichtfugen, Poren, Spalten oder Brüchen erfolgen kann. Eine einseitige Betonung der einen oder anderen Migrationsmöglichkeit dürfte nicht angebracht sein. Es können jeweils nur Beobachtungen im lokalen Rahmen die nötigen Anhaltspunkte für die Beurteilung der ausschlaggebenden Migrationsart und Migrationsrichtung abgeben.

Wenn RUDAKOW betont, daß eine rege Diskussion über die Genese von Kondensaten, Erdöl und Erdgas stattfinden sollte, so begrüßen wir diese Meinung. Wir haben bereits kürzlich (Jg. 6, 1960, S. 489) angeregt, daß Besprechungen in dieser Richtung von den Fachleuten der sozialistischen und unabhängigen Länder aufgenommen werden sollten.

Hierzu scheint es aber angebracht zu sein, daß die „Anorganiker" ihre Theorie vom Ursprung des Erdöls aus dem Kristallin ebenso revidieren wie die „Organiker" denjenigen Teil ihrer Hypothese, der angeblichen, noch in keinem Falle eindeutig beobachteten individuellen Erdölmuttergesteinen irgendwelche methaphysischen Eigenschaften zuschreibt. Ist dies geschehen, dann wird sich sicher ein gemeinsamer Weg zur Klärung der grundlegenden erdölgenetischen Probleme finden lassen und „Organiker" und „Anorganiker" werden schöpferisch zusammenarbeiten können.

Eine Klärung der genetischen Probleme ist unerläßlich. Die Ansicht mancher „Organiker" (KREJCI-GRAF 1959) führt dazu, hypothetische Muttergesteine zu suchen; KUDRJAWZEWS Theorien, wie RUDJAKOW mitteilt, zum Ansetzen von Tiefbohrungen in Bruchzonengebieten, um dort Erdöl zu suchen, das angeblich aus den Spalten des kristallinen Grundgebirges stammen soll.

Beide Extreme können also zu Investitionen führen, die kaum zu verantworten sind, und deshalb muß von seiten der Praxis eine einfache, jeder Kritik standhaltende Theorie der Erdölgenese gefordert werden. Je tiefer gebohrt wird, um so größer werden die Investitionen für die Bohrungen, um so sorgfältiger müssen ihre Ansatzpunkte mit Hilfe geophysikalischer Messungen und theoretisch einwandfreier erdölgeologischer Ansichten festgelegt werden; um so größer sind aber auch die Aussichten, große Lagerstätten, und nur diese sind von grundlegender, mitunter sogar revolutionierender ökonomischer Bedeutung, zu finden.

Literatur

Y. KHALIFEH, M. LOUIS, J. ROUCACHE, M. TEICHMÜLLER: Die Umwandlung organischer Substanz von bituminösen Schiefern bei der Metamorphose. Ein Beispiel aus dem Posidonienschiefer Niedersachsens. — Erdöl und Kohle, 13, S. 725—729 (1960).

KOSLOW, W. P., & L. W. TOKAREW: Gasbildung in sedimentären Schichten (am Beispiel des Donbass). — Z. angew. Geol., 6, S. 537—544 (1960).

KREJCI-GRAF, U.: Diagnostik des Erdöls. — Erdöl und Kohle, 12, S. 706 bis 712 (1959).

WASSOJEWITSCH & E. LANGE: Mikronaphtha. — Z. angew. Geol., Bd. 6, S. 486—489 (1960).

Fehlertheorie und Rundungsintervall von Vorratsberechnungen

Teil I: Fehlerzusammensetzung und Fehlereinfluß

KARL-HEINZ BINTIG, Berlin

I. Einleitung

Im Zusammenhang mit den Arbeiten auf dem Gebiet der Methodik von geologischen Untersuchungen sind in letzter Zeit eine Reihe von Fragen aufgetreten, deren Lösung eng mit dem Problem der Fehlertheorie, d. h. einer Analyse der Ursachen und der Zusammensetzung der bei solchen Untersuchungen auftretenden Fehler, verbunden ist. Zu diesen Fragen gehören u. a. die Bestimmung des Genauigkeitsgrades von Vorratsberechnungen, die Ermittlung der optimalen Probendichte und die Bestimmung des Rundungsintervalles für Vorratsziffern. Auf dem Gebiet der Bestimmung der Genauigkeit von Vorratsberechnungen liegen insbesondere die Arbeiten von JAHNS (1959)[1]) und STAMMBERGER (1956, 1957, 1958a und 1958b) vor, während das Problem der Rundung von Vorratsziffern in den Arbeiten von KOTSCHETOW (1960) und TYCHNOW (1958) — dort mehr von der praktischen Seite her — und von STAMMBERGER (1957) behandelt wurde. Von STAMMBERGER (1957) wird im Hinblick auf die Genauigkeit von Vorratsberechnungen besonders darauf hingewiesen, daß nicht geklärt ist, in welcher Form sich das Fehlerfortpflanzungsgesetz, d. h. der Einfluß der Einzelfehler bei der Berechnung der Hauptparameter, auf das Gesamtergebnis — den angegebenen Vorrat — auswirkt.

Im folgenden wird eine Fehlertheorie für Vorratsberechnungen dargelegt. Es wird versucht, daraus Schlußfolgerungen im Hinblick auf die Methodik von Untersuchungen, speziell von solchen zur Ermittlung der Parameter von Vorratsberechnungen, zu ziehen. Im zweiten Teil der Arbeit werden die Fragen der Rundung von Vorratsziffern und der notwendigen Meßgenauigkeit behandelt.

II. Fehlertheorie und Fehlereinfluß

1. Die Fehlerursachen bei Vorratsberechnungen

Bei jeder Vorratsberechnung sind mehrere Fehlerquellen vorhanden, die die Ermittlung und die Genauigkeit der Werte beeinflussen. Die erste Fehlerursache besteht darin, daß die in die Rechnung eingehenden Werte für die einzelnen Parameter jeweils nur anhand kleiner Auswahlen, d. h. durch ein Stichprobenverfahren mit meist relativ geringer Werteanzahl, ermittelt werden. Diese Mittelwerte — und folglich auch jede Funktion dieser Werte — weisen wie jeder Auswahlmittelwert einen Fehler auf.

Zu diesem Fehler der Auswahl tritt ein weiterer Fehleranteil für jeden Parameter hinzu, der sich als Folge der Ungenauigkeit der Messung der Einzelwerte ergibt. Die Genauigkeit der Messung oder Bestimmung eines Einzelwertes läßt sich nicht beliebig vergrößern; es sind hier ökonomisch oder technisch (z. B. durch die Genauigkeit des Analysenverfahrens) Grenzen gesetzt. Dieser Fehleranteil ist in den ermittelten Werten schon enthalten.

Die gesuchten Größen sind die in einem bestimmten Teil einer Lagerstätte — z. B. in einem Block, einem Teilkörper oder ähnlichem — oder in dem ganzen berechneten Teil einer Lagerstätte enthaltenen Mengen an anstehendem Vorrat und die darin enthaltenen Mengen an nutzbarer oder auch schädlicher Komponente — Metall, K_2O, Asche usw. Die Vorratsmenge V ergibt sich zu $V = FM\gamma$ und die Menge Q an gesuchter Komponente zu $Q = FM\gamma\, p = Vp$, wo F = Fläche, M = Mächtigkeit, γ = Raumgewicht und p = Gehalt an gesuchter Komponente.

Neben den schon erwähnten Fehlern, die als Folge der beschränkten Werteanzahl und der Ungenauigkeit des Meßverfahrens auftreten und die als Auswahlfehler bzw. Meßfehler bezeichnet werden sollen, ist jeder Mittelwert noch mit einem zusätzlichen Fehler behaftet, der sich daraus ergibt, daß die in die Rechnung eingehenden Einzelwerte im allgemeinen — außer bei Bohrungen — nicht gleichmäßig über das zu untersuchende und zu berechnende Objekt verteilt sind, sondern meist nur Randwerte (aus einer ein- bis vierseitigen Umfahrung) darstellen. Die Ergebnisse aus den Randauffahrungen werden dann zwangsläufig der Berechnung des ganzen Lagerstättenteiles (eines Blockes) zugrunde gelegt. Der Fehler dabei, der mit Analogie- oder geologischer Fehler bezeichnet werden soll, entsteht dadurch, daß ein solches Verfahren nur bei einer zufälligen Werteanordnung im untersuchten Objekt, bei der es ohne Einfluß ist, an welcher Stelle des Objektes die Proben entnommen werden, zu keinem zusätzlichen Fehler führt. Bei zufälliger Werteanordnung kann sich der aus den Randwerten ermittelte Mittelwert nur zufällig vom wahren Mittelwert für das ganze Untersuchungsobjekt unterscheiden. Bei Lagerstätten ist nun aber in keinem Fall eine solche zufällige Werteanordnung zu erwarten (die ja schon, wie gezeigt werden kann, bei den Randwerten nicht vorhanden ist), so daß sich fast immer ein mehr als zufälliger Unterschied zwischen dem Auswahlmittelwert und dem — erst durch den späteren Abbau fest-

[1]) Literaturverzeichnis am Schluß von Teil II dieser Arbeit

stellbaren — wahren Mittelwert der Gesamtheit ergibt. Die bisher aufgezählten Fehler muß man als unvermeidbare Fehler ansehen, da sie mit einem ökonomisch sinnvollen Aufwand nicht vermieden werden können. Bei der Diskussion über die Fehlerquellen werden von einigen Autoren noch andere Faktoren aufgezählt, z. B. die Wahl einer falschen Berechnungsmethode oder -art, Fehler bei der Berechnung selbst u. ä. Dazu gehören z. B. auch Fehler, die dadurch entstehen, daß man eine Wägung der Gehaltswerte mit der Mächtigkeit, mit dem Probenabstand oder mit dem Raumgewicht nicht durchführt, obwohl eine Wägung mit einem oder mehreren Faktoren im speziellen Fall notwendig gewesen wäre, daß man also das Berechnungsverfahren nicht dem Charakter des Untersuchungsgutes anpaßt. (Wann eine solche Wägung notwendig ist, soll hier nicht erörtert werden, da es sich um eine ganz andere Frage — nämlich um die Frage nach dem besten Mittelwert — handelt.) In diese Reihe gehören auch systematische Fehler, die durch falsche Probenverjüngung, Fehler beim Analysenverfahren (z. B. zu niedrige Einwaage) und ähnliche Ursachen entstehen können. Die durch diese Ursachen entstehenden Fehler sind sämtlich vermeidbar; ihr Auftreten ist nicht zwangsläufig, und sie werden in den folgenden Betrachtungen nicht berücksichtigt.

2. Die Fehlerzusammensetzung

Wie schon dargelegt, sind die in eine Vorratsberechnung eingehenden Einzelwerte der verschiedenen Parameter fehlerhafte Größen. Für die Werte einer Vorratsberechnung ergeben sich nun drei Arten der Fehlerzusammensetzung:

a) Durch das Einwirken mehrerer Fehlerquellen auf einen Einzelwert, z. B. bei den Gehaltswerten, die den Fehler der Entnahme (den Auswahlfehler), den Fehler der Verjüngung und den Fehler der Analyse (den Meßfehler) enthalten. Das gleiche gilt für die Werte für das Raumgewicht und die Mächtigkeit, während der Flächenfehler aus Ungenauigkeiten bei den Längenmessungen, beim Zeichnen und Planimetrieren resultiert.

b) Durch die Addition fehlerhafter Größen, z. B. bei der Berechnung des Mittelwertes für den Gehalt eines bestimmten Lagerstättenteiles oder der ganzen Lagerstätte aus den einzelnen Gehaltswerten. Eine Addition fehlerhafter Größen liegt auch bei der Summierung der Vorratsziffern der einzelnen Blöcke zur Gesamtvorratsziffer vor.

c) Durch Multiplikation fehlerhafter Größen, z. B. bei der Berechnung der Vorratsmengen für einen Block aus den Mittelwerten für die einzelnen Parameter.

Den Vorratsberechnungen entsprechend werden folgende Begriffe verwendet:

1. Einzelwerte: Einzelbestimmungen für jeden Parameter, d. h. jeder einzelne Mächtigkeits-, Gehalts- und Raumgewichtswert;
2. Teilmittelwerte: Mittelwerte aus den Einzelwerten eines Blockes oder einer Berechnungseinheit;
3. Teilmengenwerte: Aus den Teilmittelwerten berechneter Wert für die Menge an gesuchter Komponente im Block oder in der Berechnungseinheit;
4. Gesamtmittelwerte: Mittelwerte der einzelnen Parameter für das gesamte untersuchte Objekt;
5. Gesamtmengenwerte: Summe aller Teilmengenwerte.

Als Fehlermaß kann — wie schon an anderer Stelle dargelegt (BINTIG 1960) — nur die mittlere quadratische Abweichung bzw. eine ihr entsprechende Größe verwendet werden, da die anderen sonst noch üblichen Fehlermaße ungenauer sind und vor allem nicht die hier notwendige additative Eigenschaft besitzen.

In den Berechnungen selbst wird die mittlere quadratische Abweichung, die Streuung, bzw. die auf den Mittelwert bezogene Streuung, der Variationskoeffizient, verwendet. Die mittlere quadratische Abweichung muß hierbei jedoch nicht, wie sonst üblich, aus den Quadraten der Differenzen der Einzelwerte zum jeweiligen Mittelwert berechnet werden, sondern — und zwar in jedem Fall bei den Parametern Mächtigkeit und Gehalt wegen der dort auftretenden örtlichen Abhängigkeiten — aus den Quadraten der Differenzen aufeinanderfolgender Werte.

Alle Betrachtungen über die Fehlerzusammensetzung lassen sich aus dem Fehlerfortpflanzungsgesetz ableiten. Eine Aufstellung der Hauptregeln findet sich bei JAHNS (1959).

Aus dem Fehlerfortpflanzungsgesetz ergibt sich für die bei Vorratsermittlungen durchzuführenden Rechnungen folgendes:

Treten bei der Bestimmung eines Einzelwertes mehrere Fehlerquellen auf, so addieren sich die Variationskoeffizienten geometrisch zum Gesamtvariationskoeffizienten. Das gleiche gilt für die Multiplikation von Werten, wie bei der Errechnung der Teilmengenwerte aus den Teilmittelwerten. Die Formel für die Fehleraddition lautet hier allgemein

$$V_{ges} = \sqrt{V_1^2 + V_2^2 + \ldots + V_n^2}$$

Der Gesamtfehler eines Einzelwertes wird also größer, genauso wie auch der Fehler eines Produktes, hier des Teilmengenwertes, größer ist als die Fehler der Teilmittelwerte.

Bei der Addition von Einzelwerten zur Berechnung des Teilmittelwertes ebenso wie bei der Errechnung des Gesamtmengenwertes aus den Teilmengenwerten wie auch bei der Errechnung der Gesamtmittelwerte aus den Teilmittelwerten ergibt sich in allen Fällen eine Verringerung des jeweiligen Variationskoeffizienten um $1/\sqrt{n}$, d. h.

$$V_{ges} = \frac{V}{\sqrt{n}}$$

wobei V der Variationskoeffizient eines Einzelwertes bzw. eines Teilmengenwertes bzw. eines Teilmittelwertes ist.

Es muß erwähnt werden, daß — um zu dieser relativ einfachen Ableitung der Fehler der Teil- und Gesamtwerte zu gelangen — vorausgesetzt werden muß, daß alle Teilmittelwerte eines Parameters und alle Teilmengenwerte für sämtliche Berechnungseinheiten jeweils untereinander gleich sind. Diese Voraussetzung ist natürlich bei Lagerstätten wegen der natürlichen Inhomogenität eines solchen Objektes nicht erfüllt, was aber auf das grundsätzliche Fehlerverhalten keinen Einfluß hat.

3. Die Größe der einzelnen Fehler und die Berechnungs- und Maßeinheiten

Aus der Literatur liegen eine ganze Reihe von Angaben über die mögliche Größe der Variationskoeffizienten der einzelnen Parameter einer Vorratsberechnung vor. Für die Gehalte existiert die bekannte Tabelle von SMIRNOW (1955) mit Variationskoeffizienten von < 20 bis $> 150\%$ je nach Lagerstättentyp. KRAJEWSKI (1959) fand für die oberschlesischen Pb-Zn-Lagerstätten Variationskoeffizienten von 70 bzw. 120%, für eine Pyritlagerstätte von 35—80%, für Kupfererzlagerstätten von 10—30% und für Eisenerzlagerstätten von 20—25%. Untersuchungen, die auf Wolfram- und Zinnlagerstätten der DDR durchgeführt wurden, ergaben Variationskoeffizienten von rd. 140% für WO_3 und von gleichfalls 140% für Sn. Die Variationskoeffizienten für die Mächtigkeit sind weitaus seltener berechnet worden; für die von KRAJEWSKI angegebenen Beispiele liegen die Werte bei rd. 30% für die Pb-Zn-Lagerstätten, bei 17% für die Kupfererzlagerstätte und bei 60% für die Eisenerzlagerstätte; für die Wolframlagerstätten der DDR ergaben sich Werte von 10—50%. Im allgemeinen werden die Mächtigkeiten wegen der für diesen Parameter oft kleineren Spannweite der Einzelwerte und der ebenfalls meist stärker ausgeprägten örtlichen Abhängigkeiten einen kleineren Variationskoeffizienten als die Gehalte haben. Für die Bestimmung des Raumgewichts nimmt JAKSHIN (1954) einen Variationskoeffizienten von 1—5% und REH (1956) einen Wert bis zu 10% an. Für die Flächenbestimmung werden durchweg sehr niedrige Variationskoeffizienten — von 1—3% — angegeben.

Eine besondere Stellung nimmt der geologische Fehler ein. Für den einzelnen Block ist sowohl seine Größe als auch seine Richtung nicht bestimmbar. Er stellt eine Zufallsgröße dar und ist also — wenn nicht die Faktoren, die zwar in Form von Zahlenwerten in eine Vorratsberechnung eingehen, deren Ermittlung aber nicht auf Grund von direkten Messungen erfolgt. z. B. bei Extrapolation, subjektiv in einer Richtung beeinflußt sind — keineswegs, wie JAHNS (1959) meint, ein systematischer Fehler. Es kann in jedem Fall, wenn eine genügend große Anzahl von Blöcken vorliegt, erwartet werden, daß sich die geologischen Fehler der einzelnen Blöcke untereinander ausgleichen. Das beweisen auch die in der Literatur angegebenen Beispiele über durchgeführte Vergleiche zwischen Bemusterungs- und Abbauergebnissen, bei denen — falls nicht durch subjektive Einflüsse oder aus der Probenahme oder aus der Berechnungsmethode ein systematischer Fehler resultiert — immer die Differenzen zum wahren Wert als zufällig verteilt angesehen werden mußten. Unter dieser Voraussetzung folgt das Fehlerverhalten — auch bei Einbeziehung des geologischen Fehlers — den anfangs erwähnten mathematischen Gesetzen.

Über die Größe des geologischen Fehlers sind direkt ermittelte Werte kaum vorhanden, die angegebenen Werte bei den meisten Autoren sind fast durchweg Annahmen. Lediglich PROKOFJEW (s. STAMMBERGER 1957) stellte auf Grund der ihm zugänglichen Unterlagen fest, daß „der geologische Fehler bei der Vorratsberechnung hoher Kategorien A und B gewöhnlich $\pm$ 10—15% beträgt".

Es gibt auch eine Reihe von Angaben über den Gesamtfehler von Vorratsberechnungen, die aber sämtlich Vorschläge (meist für die Festlegung von Toleranzen) oder Annahmen darstellen.

So ist STAMMBERGER (1958) der Meinung, daß für A_1-Vorräte ein Fehler von 0—5% und für A_2- bis C_1-Vorräte von maximal 10% auftritt. OELSNER (1958) schlägt Toleranzen von 8—50% vor, während REH (1956) nach sicheren, wahrscheinlichen und möglichen Vorräten unterscheidet und für diese Werte von < 20 bis $> 80\%$ angibt.

Es entsteht die Frage, auf welchen Wert einer Vorratsberechnung und auf welche Berechnungseinheit sich die Angaben beziehen sollen. Was die Berechnungseinheit betrifft, so ist es gegenwärtig am zweckmäßigsten, sie als einen Block der Lagerstätte anzunehmen, da die dort zu berechnenden Mengen — sowohl an Vorrat als auch an nutzbarer Komponente — für technisch-ökonomische Überlegungen verwendet werden und weil außerdem die Größenordnung der vorgeschlagenen Fehlerwerte annähernd den tatsächlichen Werten für einen Block und nicht etwa dem Fehler der Berechnung einer ganzen Lagerstätte — dort ist der Variationskoeffizient, besonders bei vielen Blöcken, wesentlich kleiner — entspricht. Vollständige Unklarheit herrscht über den Wert, auf den sich der Variationskoeffizient beziehen soll. Für den Teilmengenwert sind bei Vorratsberechnungen drei Maßeinheiten möglich: m³ — z. B. bei Erdgas; t Vorrat — z. B. bei Eisenerz und bei Stein- und Braunkohlen; t Inhalt an nutzbarer Komponente — z. B. bei allen Buntmetallen und Kalisalzen. In den letzten Fällen werden meist zwei Angaben — t Vorrat und t nutzbare Komponente — verlangt. STAMMBERGER (1958a) schreibt, daß „die Klassen A_2 bis C_1 mengenmäßig keine nennenswerten Unterschiede in der Genauigkeit der Angaben aufweisen ..." Vorher wird erwähnt, daß Lagerstättenkundler bevorzugt auf die Ungenauigkeit der Mengenangaben verweisen. OELSNER (1958) betont, daß sich seine vorgeschlagenen Toleranzgrenzen selbstverständlich auf Mengen und Gehalte zu beziehen haben. Es ist nirgendwo definiert, welche der Maßeinheiten mit dem Begriff Menge gemeint ist. Dies ist aber notwendig, weil sich im allgemeinen zwischen den berechneten Mengen je nach ihrer Maßeinheit beträchtliche Unterschiede im Grad der Genauigkeit ergeben und deshalb selbst für das gleiche zu berechnende Objekt, z. B. für einen bestimmten Block einer Lagerstätte, der Wert für den Vorrat (in t Erz) gegenüber dem Wert für den Inhalt an nutzbarer Komponente (ebenfalls in t) eine teilweise beträchtlich höhere Genauigkeit aufweist. Das ergibt sich daraus, daß der Vorrat ein Produkt aus drei Faktoren — $V = F M \gamma$ —, der Inhalt an nutzbarer Komponente jedoch ein Produkt aus vier Faktoren — $Q = Vp$ — ist, wobei entsprechend dem Fehlerfortpflanzungsgesetz der Variationskoeffizient von Q größer ist als der von V. Die Unterschiede im Hinblick auf die Genauigkeit können deshalb relativ groß sein, weil im allgemeinen der Mittelwert für den Gehalt die größte Ungenauigkeit aller Parametermittelwerte aufweist. Daraus ergibt sich, daß für die berechneten Fördermengen aus den einzelnen Blöcken die tatsächlich beim Abbau auftretenden Abweichungen weitaus geringer sein werden als für die Mengen an darin enthaltener nutzbarer Komponente.

4. Der Einfluß der Fehler der einzelnen Parameter einer Vorratsberechnung auf den Gesamtfehler und ihr Verhältnis untereinander

Die Betrachtung des Einflusses der Fehler der einzelnen Parameter auf den Gesamtfehler soll am Beispiel der Zusammensetzung des Variationskoeffizienten einer Teilmenge erfolgen. Man kann den geologischen Fehler für die Teilmenge auf die einzelnen Parameter aufteilen (Ausgangspunkt sind ja auch tatsächlich die geologischen Fehler der einzelnen Parameter) und erhält dann folgende Gleichung:

$$V_Q = \sqrt{V_F^2 + \frac{V_M^2}{n_M} + V_{M\,geol}^2 + \frac{V_\gamma^2}{n_\gamma} + V_{\gamma\,geol}^2 + \frac{V_p^2}{n_p} + V_{p\,geol}^2}$$

Hier ist

V_F = Variationskoeffizient der Flächenbestimmung
V_M = ,, eines Mächtigkeitswertes
V_γ = ,, ,, Raumgewichtswertes
V_p = ,, ,, Gehaltswertes
n_M = Anzahl der Mächtigkeitswerte für die Teilmenge
n_γ = ,, ,, Raumgewichtswerte ,, ,, ,,
n_p = ,, ,, Gehaltswerte ,, ,, ,,

und die mit dem Index geol bezeichneten Glieder stellen den geologischen Fehleranteil des jeweiligen Parameters dar.

Wie schon erwähnt, ist V_F in jedem Fall ein sehr kleiner Wert ($\approx 2\%$), während V_M für Buntmetallagerstätten der DDR Werte von rd. 20—30%, V_γ von etwa 5% und V_p von 50—150% annimmt. Die geologischen Fehleranteile können nur geschätzt werden; es sollen $V_{M\,geol} = 5\%$, $V_{\gamma\,geol} = 2\%$ und $V_{p\,geol} = 10\%$ angenommen werden. Für die Verteilung der aus den Ergebnissen der Bemusterung und Probenahme berechneten Mittelwerte für Mächtigkeit, Raumgewicht und Gehalt bedeutet das, daß selbst bei einer unendlich großen Anzahl von Bestimmungen für jeden dieser Parameter sich diese aus den Randauffahrungen berechneten Mittelwerte vom wahren Mittelwert des ganzen Blockes bei Mächtigkeit und Raumgewicht in rd. 68% aller Fälle noch bis zu ± 5 bzw. ± 2% und beim Gehalt bis zu ± 10% unterscheiden können.

Bei einem $n_M = n_p = 50$ und einem $n_\gamma = 10$ ergibt sich also folgende Fehlerzusammensetzung:

$$V_Q = \sqrt{2^2 + 25^2/50 + 5^2 + 5^2/10 + 2^2 + 100^2/50 + 10^2}$$

$$= \sqrt{4 + 37{,}5 + 6{,}5 + 300} = \sqrt{348} \approx 19\%$$

Ein einzelner Block des Beispiels hat also — nach den Annahmen — in bezug auf seinen Metallinhalt einen Variationskoeffizienten von rd. 20%, was auch annähernd der Wirklichkeit entsprechen dürfte. Die Erzmenge dagegen ist weitaus genauer; der Variationskoeffizient beträgt $V_V = \sqrt{48} \approx 7\%$.

Bei einer Einschätzung der Anzahl der Bestimmungen für jeden Parameter zeigt sich, daß den weitaus größten Fehlereinfluß bei einer solchen Lagerstätte die Bestimmung der Gehalte hat. Selbst wenn alle anderen Fehler gleich Null wären, ergäbe sich — auch wenn man den geologischen Fehler der Gehaltsbestimmung noch geringer, mit 5%, annimmt (ein kleinerer Wert dürfte ausgeschlossen sein) — immer noch ein Endfehler von $V_Q \approx 15\%$. Es hat also bei einer in bezug auf die Gehalte ungleichmäßigen Lagerstätte für eine Metallinhaltsberechnung wenig Sinn, für die Bestimmung der anderen Parameter einen größeren Aufwand zu betreiben. So ist es für den Endfehler praktisch ohne Belang, ob hier 2, 5 oder 10 Raumgewichtsbestimmungen bzw. 25, 50 oder 100 Mächtigkeitsbestimmungen ausgeführt werden. Ferner zeigt sich aus der Fehlerzusammensetzung, daß der Fehler der Flächenbestimmung, $V_F = 2\%$, weder für die Erzmengen- noch für die Metallinhaltsberechnung irgendeine Rolle spielt und die bisherigen Verfahren der Flächenermittlung im Hinblick auf ihre Genauigkeit vollständig ausreichen.

Für die notwendige und zweckmäßige Anzahl von Einzelbestimmungen für jeden Parameter ergibt sich nun folgendes: Die Verringerung des Auswahlfehlers des Mittelwertes eines Parameters erfolgt annähernd proportional der Wurzel aus der Anzahl der Untersuchungen entsprechend der Gleichung $\overline{V} = V/\sqrt{n}$. (Es soll hier unberücksichtigt bleiben, daß bei Lagerstätten infolge der örtlichen Abhängigkeiten benachbarter Werte die Größe der Wertestreuung eine Funktion des Probenabstandes ist.) Daraus läßt sich nun ableiten, daß je Berechnungseinheit (je Block) obere Grenzbereiche für die maximale Anzahl der durchzuführenden Bestimmungen je Parameter existieren. Eine Erhöhung der Anzahl der Bestimmungen über diesen Bereich hinaus ergibt praktisch keine Erhöhung der Genauigkeit des Mittelwertes des betreffenden Parameters mehr. Für den Endfehler des Blockmittelwertes für einen Parameter gilt die Gleichung $\overline{V} = \sqrt{V^2/n + V^2_{geol}}$, d. h., der Endfehler geht hier mit wachsendem n nicht nach Null, sondern nach V_{geol} dieses Parameters. Prinzipiell besteht jedoch kein Unterschied zum ersten Fall, der erwähnte obere Grenzbereich bleibt praktisch der gleiche. Dieser obere Grenzbereich ergibt sich aus folgender Überlegung: Für jede beliebige Größe des Variationskoeffizienten eines Einzelwertes ist die relative Verminderung des Variationskoeffizienten des Mittelwertes aus jeweils n Untersuchungen die gleiche gemäß der Formel $\overline{V} = V/\sqrt{n}$. Setzt man also den jeweiligen tatsächlichen Variationskoeffizienten — einerlei, ob er 20% oder 200% beträgt — gleich 100, so ergibt sich in allen Fällen das gleiche Bild der Abhängigkeit von $\overline{V}$ von der Anzahl der Untersuchungen n. Diese Abhängigkeit ist in Tab. 1 dargestellt. Daraus läßt sich ableiten, daß es in jedem Fall — unabhängig von der Größe des Variationskoeffizienten eines Einzelwertes — nicht sinnvoll ist, mehr als 25—40 Werte für einen Parameter je Berechnungseinheit zu bestimmen, weil die weitere Verringerung des Fehlers des Mittelwertes dann so langsam erfolgt, daß selbst eine Erhöhung der Probenzahl auf dasDoppelte — etwa auf 60 Proben — den Fehler nur von rd. 18% (bei n = 30) auf rd. 13% des Ausgangswertes verringert. Durch das Vorhandensein eines geologischen Fehlers verändern sich die Zahlenwerte für $\overline{V}$ der Tabelle nur geringfügig.

Tabelle 1.

n	$\overline{V}$
1	100
5	44,7
10	31,6
15	25,8
20	22,4
25	20,0
30	18,2
35	16,9
40	15,8
45	14,9
50	14,1
60	12,9

Es zeigt sich also, daß allein die Mittelwertsbestimmung für den Gehalt einer Berechnungseinheit selbst in einem günstigen Fall — bei V = 30% (nach SMIRNOW Lagerstätten der Gruppe II — gleichmäßige Mineralisation) und einem angenommenen $V_{geol} = 5\%$ — bei n = 40 einen Endfehler von $V = \sqrt{900/40 + 25} \approx \sqrt{50} \approx 7\%$ aufweist, während sich bei der Mehrzahl der Buntmetalllagerstätten (Lagerstätten der Gruppen III und IV — ungleichmäßig und sehr ungleichmäßig) bei V = 70—130% und einem angenommenen $V_{geol} = 10\%$ und n = 40 Endfehler für den Gehaltsmittelwert von rd. 15—25% ergeben.

Die gleichen Überlegungen wie für die Gehaltswerte gelten auch für die Werte der anderen Parameter — Mächtigkeit und Raumgewicht. Für die Anzahl der Mächtigkeitsbestimmungen gilt der gleiche obere Grenzbereich; für das Raumgewicht kann sich insofern eine etwas andere Situation ergeben, als in vielen Fällen die Bestimmung dieses Wertes nicht für jede Berechnungseinheit gesondert, sondern nur insgesamt für die ganze Lagerstätte erfolgt. In diesem Fall gilt ebenfalls der obere Grenzbereich; wechselt das Raumgewicht zwischen den Blöcken jedoch sehr stark, so muß — wenn der Endfehler für jeden Block durch den Fehler der Bestimmung des Raumgewichtes nicht unzulässig erhöht werden soll — die notwendige Anzahl von Raumgewichtsbestimmungen je Berechnungseinheit anhand der Fehlerzusammensetzung geschätzt werden.

Aus diesen Überlegungen lassen sich nun auch die Endfehler der Teilmengen- und der Gesamtmengenberechnungen ableiten. So ergibt sich in einem günstigen Fall ($V_F = 2\%$; $V_M = 10\%$; $V_{M\,geol} = 3\%$; $V_\gamma = 5\%$; $V_{\gamma\,geol} = 1\%$; $V_p = 20\%$; $V_{p\,geol} = 5\%$; $n_M = n_p = 40$ und $n_\gamma = 10$) der Fehler der Teilmenge zu rd. 7% und in einem ungünstigen Fall ($V_F = 2\%$; $V_M = 20\%$; $V_{M\,geol} = 5\%$; $V_\gamma = 10\%$; $V_{\gamma\,geol} = 3\%$;

$V_p = 100\%$; $V_{p\,geol} = 10\%$; $n_M = n_p = 40$ und $n_Y = 10$) der Fehler der Teilmenge zu rd. 20%.

Der Wert für die Gesamtmenge wird nun — je nach Anzahl der Berechnungseinheiten — weitaus genauer sein. Bei $n = 16$ Blöcken ergibt sich für den Gesamtmengenwert im ersten Fall ein Fehler von $V_{ges} \approx 2\%$ und im zweiten Fall ein Fehler von $V_{ges} \approx 5\%$. In der Praxis wird er — zumal oft die Anzahl der Blöcke relativ hoch ist — zwischen 1% und 5% liegen.

Aus dem bis jetzt Dargelegten ergibt sich noch eine Reihe von Schlußfolgerungen und praktischen Hinweisen.

Als erstes läßt sich ein Schluß ziehen im Hinblick auf die Frage des optimalen Probenabstandes. Es wurde gezeigt, daß für die Genauigkeit eines Parametermittelwertes lediglich die Anzahl der durchgeführten Messungen entscheidend ist und daß dabei die relative Verringerung des Endfehlers unabhängig von der Größe des Variationskoeffizienten eines Einzelwertes ist. Damit ist auch die relative Verringerung des Endfehlers unabhängig von der Größe des untersuchten Objektes. Folglich besteht kein Zusammenhang zwischen der notwendigen Anzahl von Probewerten und der Blockgröße bzw. der durch den Grad der Umfahrung gegebenen Aufschlußlänge. Es gibt also keinen „optimalen Probenabstand", wenn man — wie üblich — darunter eine festzulegende konstante Probenahmeentfernung, die bei allen Auffahrungen einer ganzen Lagerstätte eingehalten werden soll, versteht. Die Blockgrößen und auch die Aufschlußlängen können auf der gleichen Lagerstätte — besonders im Erzbergbau — sehr unterschiedlich sein. Wird z. B. ein Block von 100×50 m, der vierseitig umfahren ist, also eine Aufschlußlänge von 300 m hat, durch Proben im Abstand von 2 m (dieser Fall tritt praktisch auf) bemustert, so ergeben sich 150 Einzelwerte und damit eine starke Überprobenahme. Hier ist ein Probenabstand von 7—10 m durchaus ausreichend.

Einer solchen Verringerung der Probendichte wird oft entgegengehalten, daß bei einer rechnerischen Verringerung dieser Probendichte — wenn also aus jeweils der halben Anzahl oder bei noch weitergehender Verringerung (jede dritte, vierte oder n-te Probe) die jeweiligen Gruppen von Mittelwerten für jeden Verringerungsgrad berechnet werden — zwischen den Mittelwerten jeweils einer Gruppe (oft schon dann, wenn die Probenentfernung nur um das Anderthalbfache oder das Doppelte ansteigt) unzulässig hohe Differenzen auftreten. Daraus wird — und zwar auch dann, wenn die Anzahl der Proben relativ hoch ist (> 50) — geschlußfolgert, daß eine Verringerung der Probendichte eben wegen dieser hohen Abweichungen vom Mittelwert aus allen Proben nicht möglich ist. Dabei wird vorausgesetzt, daß dieser Mittelwert richtig ist. Diese Voraussetzung muß unter den angenommenen Verhältnissen — wenn also auch nach Verringerung der Probendichte die Anzahl der Proben noch $\geqq 25-30$ ist — entsprechend dem Gesetz der Fehlerverringerung falsch sein. Der Grund für diesen Trugschluß liegt darin, daß man für den Mittelwert aus allen Proben keinen Vergleichswert hat, da ja hier keine zweite, von der ersten unabhängige Probenahme mit ebenfalls der vollen Werteanzahl stattgefunden hat. Bei einem solchen Vergleich — wenn er durchgeführt wird — ergäbe sich zweifellos, daß die Differenzen dieser Mittelwerte gegeneinander nicht wesentlich kleiner sind als die aus der verringerten Anzahl berechneten.

Es ist auch nicht immer notwendig, die Probendichte für die verschiedenen Randauffahrungen eines Blockes gleich zu wählen. Ein Beispiel dafür ist der Fall einer zweiseitigen Auffahrung, bei der sich die Mittelwerte der beiden Auffahrungen stark voneinander unterscheiden. Hat z. B. die eine Auffahrung einen Mittelwert für den Gehalt von 1% und ist schon ohne Bemusterung rein durch Augenschein ersichtlich, daß die andere Auffahrung einen weit niedrigeren Mittelwert — schätzungsweise um 0,1% — haben wird, so ist es nicht sinnvoll, für die Bestimmung dieser zweiten Größe den gleichen Aufwand zu treiben wie für die erste. Für den Gesamtmittelwert aus beiden Auffahrungen ist es kaum von Bedeutung, ob der zweite Mittelwert 0,05, 0,1 oder 0,15% lautet; der Gesamtmittelwert ergibt sich zu 0,53, 0,55 bzw. 0,57%, ändert sich also nur wenig.

Wenn auch nachgewiesen ist, daß eine Überschreitung des oberen Grenzbereiches für die Anzahl der Bestimmungen eines Parameters je Berechnungseinheit wegen der sehr geringen weiteren Verminderung des Endfehlers des Mittelwertes unzweckmäßig ist, so besteht andererseits — wie schon dargelegt wurde — auch nicht zwangsläufig die Notwendigkeit, für jeden Parameter eine dem oberen Grenzbereich entsprechende Anzahl von Bestimmungen durchzuführen. Die zweckmäßige Anzahl von Bestimmungen (im Bereich von 1 bis zum oberen Grenzbereich) hängt sehr stark von der Größe des Fehlers der anderen Faktoren ab. Es läßt sich anhand einer Schätzung der ungefähren Größe der zu erwartenden Variationskoeffizienten für die Werte der einzelnen Parameter die zweckmäßige Anzahl von Bestimmungen für jeden Parameter in jedem einzelnen Fall ableiten.

Im Hinblick auf die Genauigkeit der Vorräte der einzelnen Klassen und die sie beeinflussenden Faktoren läßt sich folgendes sagen:

STAMMBERGER (1958a) gibt an, daß sich für die Mengenangaben für die Klassen A_2 bis C_1 ungefähr die gleiche Ungenauigkeit von maximal 10% ergibt. Da sich diese Ungenauigkeit bei C_1-Vorräten auf einen größeren Lagerstättenteil oder die ganze Lagerstätte bezieht, also auf eine Reihe von Blöcken, bei denen durch die Summierung der Werte ein Fehlerausgleich erfolgt, ist diese Behauptung zweifellos richtig. Andererseits wird damit bekräftigt, was alle Autoren bei der Fehlerbetrachtung und der Frage der Toleranzen bisher als Grundlage genommen haben und was auch für die Praxis wichtiger ist, daß zwischen den einzelnen Klassen — wenn man jeweils von der gleichen Berechnungseinheit, einem einzelnen Block, ausgeht — tatsächliche Unterschiede in der Genauigkeit der Angaben existieren.

Die unterschiedlichen Fehlergrößen für die verschiedenen Vorratsklassen für Blöcke der gleichen Lagerstätte ergeben sich aus zwei Faktoren: aus dem unterschiedlichen Grad der Umfahrung und aus der unterschiedlichen Blockgröße. Eine Veränderung des Fehlers mit Änderung des Umfahrungsgrades und der Blockgröße resultiert daraus, daß die räumliche Verteilung der Parameterwerte in der Lagerstätte nicht zufällig ist. Welcher der beiden Faktoren, der Grad der Umfahrung oder die Blockgröße, stärker auf die Größe des Endfehlers einwirkt, hängt vom Charakter der Verteilung der Werte ab. So wird bei starken örtlichen Abhängigkeiten der Werte der Grad der Umfahrung größeren Einfluß auf eine Fehlerverminderung haben, während bei stark absetzigen Lagerstätten die Blockgröße eine stärkere Rolle spielt. Entscheidend dafür, welcher Faktor stärker wirkt, ist in allen Fällen das Verhalten des geologischen Fehlers bei Änderung der Blockgröße.

(Teil II erscheint in einem der nächsten Hefte.)

Zusammenfassung

Der Gesamtfehler einer Vorratsberechnung setzt sich aus den Auswahlfehlern, den Meßfehlern und den Analogiefehlern der Berechnungsparameter zusammen. Die Fehlerzusammensetzung erfolgt nach dem Fehlerfortpflanzungsgesetz. An Hand der Fehlerzusammensetzung kann die für eine Berechnungseinheit notwendige Anzahl von Untersuchungen für jeden einzelnen Parameter geschätzt werden. Dabei existiert eine absolute obere Grenze für diese Anzahl an Untersuchungen; sie liegt bei 25 bis 40 Werten. Bei einer größeren Anzahl von Werten ist die weitere Erhöhung der Genauigkeit nur gering. Auf dieser Grundlage kann der notwendige Probenabstand bei Lagerstättenuntersuchungen festgelegt werden.

Резюме

Общая ошибка при подсчете запасов составляется из ошибок выбора, ошибок измерений и ошибок аналогии параметров вычисления. Общая ошибка составляется по закону размножения ошибок. По составлению ошибок можно оценить необходимое для отдельных параметров число наблюдений. При этом существует абсолютный верхний предел для этого числа наблюдений — около 25 до 40. При большем числе наблюдений дальнейшее увеличение точности незначительно. На этой основе можно установить необходимое расстояние между выработками при исследованиях месторождений.

Summary

The total error of a reserve calculation is composed of selection errors, instrument errors, and analogy errors of the parameters of computation. The composition of errors follows from the error propagation law. From the composition of errors the number of investigations required for a calculation unit can be estimated for each parameter. There is an absolute superior limit ranging from 25 to 40 values for this number of investigations, a greater number of which only insignificantly increases accuracy. Based on these values the interval of samples necessary for deposit investigations can be determined.

Richtlinie der ZVK über die Rundung von Mittelwerten und Vorratsziffern in Vorratsberechnungen

1. Alle im Verlauf einer Vorratsberechnung sich ergebenden Rechenwerte sind zur Vereinfachung der Berechnung nur mit jeweils einer bestimmten Stellenzahl anzugeben. Die Werte sind also, falls erforderlich, auf diese Stellenzahl zu runden[1]). Eine Angabe auf zwei bzw. drei Stellen bedeutet dabei, daß nur die ersten zwei bzw. drei Ziffern der Zahl angegeben werden und die folgenden Ziffern durch Null zu ersetzen sind. Nullen am Anfang einer Zahl (z. B. 0,36 oder 0,036) haben dabei keinen Stellenwert, gelten also nicht als Ziffern.

2. Die zu rundenden Werte sind:

Teilmittelwerte: Aus den Einzelwerten eines Berechnungsparameters (Mächtigkeit, Raumgewicht, Gehalt) für einen Block oder eine Berechnungseinheit berechnete Mittelwerte.

Teilmengenwerte: Aus den Teilmittelwerten berechnete Werte für die Mengen an Vorrat an nutzbarem Bodenschatz und für die Mengen an darin enthaltener berechneter Komponente für einen Block oder eine Berechnungseinheit.

Gesamtmengenwerte: Durch Summierung der Teilmengenwerte erhaltene Werte für die Mengen an Vorrat und für die Mengen an darin enthaltener berechneter Komponente für das gesamte untersuchte Objekt, d. h. für alle Blöcke oder Berechnungseinheiten.

2.1 Für die Rundung der Teilmittelwerte — zu denen auch die jeweiligen Flächenwerte gehören — gilt folgendes:

2.11 Flächen: Einzelflächenwerte sind in keinem Fall, unabhängig von der absoluten Größe des Wertes, auf mehr als drei Stellen anzugeben.

2.12 Mächtigkeiten: Mittelwerte für die Mächtigkeiten in der Größe < 1 m sind auf zwei Stellen, d. h. auf cm, und in der Größe von 1—3 m auf drei Stellen, d. h. ebenfalls auf cm, anzugeben. Bei Mächtigkeiten > 3 m genügt in jedem Fall eine Angabe auf Dezimeter.

2.13 Raumgewichte: Mittelwerte für das Raumgewicht sind nur bei in bezug auf diesen Parameter sehr gleichmäßigen Lagerstätten auf drei Stellen anzugeben; im allgemeinen jedoch genügt eine Angabe auf zwei Stellen, d. h. auf Zehntel g/cm^3.

2.14 Gehalte: Gehaltsmittelwerte sind — analog den Mächtigkeitsmittelwerten — bei einer Größe < 1% auf zwei Stellen und bei einer Größe von 1—3% auf drei Stellen, d. h. jeweils auf Hundertstel Prozent, anzugeben, während bei höheren Gehaltswerten eine Angabe auf Zehntelprozente ausreicht.

2.2 Für die Rundung der Teil- und Gesamtmengenwerte — zu denen auch die Gesamtflächensumme gehört — gilt folgendes: Sämtliche Werte sind grundsätzlich nur auf drei Stellen anzugeben (Beispiel: 286000 t Kalisalz mit 33400 t K_2O). Ergibt sich bei der Summierung von Teilmengenwerten zum Gesamtmengenwert rechnerisch eine größere Stellenzahl (Beispiele: 534000 t + 879000 t = 1413000 t oder 286000 t + 31500 t + 4960 t = 322460 t), so sind diese Gesamtmengenwerte ebenfalls auf drei Stellen zu runden (1410000 t bzw. 322000 t).

Berlin, den 1. November 1960

ZENTRALE VORRATSKOMMISSION FÜR MINERALISCHE ROHSTOFFE

Der Vorsitzende

Süss

[1]) Die Rundung hat nach den in DIN 1333 angegebenen Regeln zu erfolgen (siehe Anhang: Auszug aus DIN 1333).

Anhang (Auszug aus DIN 1333)

Folgt vor dem Runden auf die letzte Stelle, die noch angegeben werden soll, eine 0, 1, 2, 3 oder 4, so bleibt diese letzte Stelle unverändert („Abrunden" oder „Runden nach unten").

Beispiel: 6,343 ≈ 6,34 ≈ 6,3

Folgt vor dem Runden auf die letzte Stelle, die noch angegeben werden soll, eine 9, 8, 7 oder 6, so wird diese letzte Stelle um 1 erhöht („Aufrunden" oder „Runden nach oben").

Beispiel: 6,369 ≈ 6,37 ≈ 6,4

Folgt vor dem Runden auf die letzte Stelle, die noch angegeben werden soll, eine 5 mit noch mindestens einer von Null verschiedenen Zahl dahinter, so wird diese Stelle um 1 erhöht (aufgerundet). Beispiel: 4,35001 ≈ 4,4

Folgt vor dem Runden auf die letzte Stelle, die noch angegeben werden soll, eine genaue 5 (das ist eine 5, hinter der nur Nullen folgen), dann wird so gerundet, daß die letzte Stelle zu einer geraden Zahl wird; d. h., daß sie unverändert bleibt, wenn sie schon gerade ist, dagegen um 1 erhöht wird, wenn sie ungerade war („Gerade-Zahl-Regel").

Beispiele: 0,0625 ≈ 0,062; 3,75 ≈ 3,8

Gegen den Formalismus in der geologischen Kartierung [1)]

A. A. PREDTETSCHENSKI, Moskau

Bei der Lösung der vor den geologischen Institutionen unseres Landes stehenden Aufgaben spielt die geologische Kartierung eine große Rolle. Von der Aufmerksamkeit, die man der geologischen Aufnahme zukommen läßt, zeugen eine Reihe von Maßnahmen des Ministeriums für Geologie und Lagerstättenschutz der UdSSR, die in den letzten Jahren entsprechend den Beschlüssen der Regierung über die geologische Kartierung des Territoriums der UdSSR durchgeführt worden sind. Besonders ist dabei die Herausgabe der durch das Allunionsforschungsinstitut (WSEGEI) zusammengestellten methodischen Leitfäden und Instruktionen für die Organisation und Durchführung von geologischen Kartierungsarbeiten bzw. Aufnahmen in den verschiedenen Maßstäben zu erwähnen. Bei der Verbesserung der geologischen Kartierung spielte außerdem die Veröffentlichung von geologischem Kartenmaterial eine positive Rolle.

Wie die Praxis zeigt, sind die bisher herausgegebenen Leitfäden und Instruktionen inhaltlich ausreichend und erfordern nur noch geringfügige Ergänzungen und Verbesserungen. Fünf Jahre sind seit der Herausgabe dieser Materialien vergangen, und man kann behaupten, daß seitdem die Arbeit der kartierenden Geologen bei der Klärung der Gesetzmäßigkeiten in der Verteilung der Bodenschätze zielstrebiger geworden ist. In den territorialen geologischen Verwaltungen arbeiten qualifizierte Kader, die ihre Sache verstehen und lieben.

Gegenwärtig sind viele neue Blätter der Staatlichen Geologischen Karte der UdSSR im Maßstab 1:200000 zum Druck vorbereitet, deren Zahl in den nächsten Jahren noch weiter anwachsen wird. In diesem Zusammenhang sind jetzt einheitliche Farben- und Zeichenerklärungen zu schaffen, d. h., die Legenden der einzelnen Blätter sind aufeinander abzustimmen.

Für die geologischen Karten Sibiriens sind die hier angeführten Fragen von besonders großer Bedeutung. Der Erfolg bei der Schaffung standardisierter Legenden hängt in vielem davon ab, wie die Zusammenstellung, Diskussion und Bestätigung organisiert wird. Damit ist die redaktionelle Bearbeitung der Blätter und ihre Weitergabe zur Veröffentlichung direkt verbunden.

Zwischen den Autoren, die die verschiedenen Kartenblätter bearbeiten, bestehen natürlich in der geologischen Deutung einzelner Gebiete und ganzer Provinzen Meinungsverschiedenheiten. Für die Lösung allgemeiner prinzipieller Fragen der stratigraphischen Schemata wurde bekanntlich das Stratigraphische Komitee gebildet, dessen Beschlüsse für alle geologischen Organisationen der UdSSR bindend sind. Eine Reihe dieser Beschlüsse zu stratigraphischen Fragen Sibiriens (z. B. die Stratigraphie des Präkambriums, des Kambriums und des Devons) stammen aus dem Jahre 1956 und verlangen jetzt eine Vertiefung.

Die 1956 in Leningrad durchgeführte stratigraphische Beratung aller geologischen Organisationen über Sibirien nahm eine Reihe von Schemata an, die in der Hauptsache aus der blattweisen Kartierung und auf der Grundlage von Begehungen in den Jahren 1949 bis 1954 entstanden sind. Die führende Rolle bei der Schaffung dieser Schemata spielten die Kollektive der wissenschaftlichen Forschungsinstitutionen (WSEGEI, GIN, WNIGRI u. a.). Die Kollektive der territorialen geologischen Institutionen (z. B. der Westsibirischen) hatten daran nur geringen Anteil. Die Krasnojarsker Geologische Verwaltung besaß damals noch nicht die notwendigen Materialien und konnte keinen entscheidenden Einfluß auf die Ausarbeitung stratigraphischer Schemata nehmen.

Deshalb können die durch die Beratung angenommenen Beschlüsse und stratigraphischen Schemata nur als Entwurf betrachtet werden und haben folglich keinen gesetzgebenden Charakter.

Die in den Jahren 1955—1958 durchgeführte geologische Kartierung zeigt, daß die Schemata für die Minussinsker Senke, den Kusnezker Ala-Tau, den Östlichen und Westlichen Sajan und die Rybin-Senke Ergänzungen und Abänderungen erforderlich machen. Ein stratigraphisches Schema vervollständigt sich in dem Maße, wie sich unser Wissen über dieses oder jenes Gebiet erweitert, und darf sich nicht in ein Dogma verwandeln.

Um die Qualität der geologischen Karten zu verbessern und die geologischen Schemata einzelner Regionen zu vervollständigen, sind Redaktionskollegien für die geologischen Kartenserien ins Leben gerufen worden, in denen Vertreter vieler geologischer Organisationen mitarbeiten. Ungeachtet der bekannten Schwierigkeiten bei der Einberufung einer Sitzung der Redaktionskollegien, wurden diese dennoch 1957 und 1958 in Sibirien, in Krasnojarsk, Nowosibirsk und Irkutsk abgehalten. An den Sitzungen nahm eine große Anzahl Geologen teil. In den Beratungen der Redaktionskollegien wurden die Zeichenerklärungen für eine Reihe von Kartenserien ausgearbeitet und die Legenden miteinander in Einklang gebracht. Dabei wurde festgestellt, daß eine Reihe von Anweisungen, die bei der Beratung aller geologischen Organisationen angenommen wurden, durch die Kartierung der letzten Jahre widerlegt worden ist.

So mußte z. B., weil eine Diskordanz festgestellt wurde, das stratigraphische Schema des Devons der Minussinsker Senke korrigiert werden. Ebenso wurde erkannt, daß eine „besondere Fazies" (Asyrtale Fazies) nicht existiert. Es war möglich, die Schichten des Süd- und Nordteiles der Minussinsker Senke, die flächenmäßig direkt verfolgt werden konnten, zu korrelieren, ohne daß vereinte Schichtserien (Aramschak, Basin) ausgegliedert werden mußten.

Große Veränderungen zeigten sich gegenüber 1956 in der Stratigraphie der alten Schichtenfolgen. So mußten im Kusnezker Ala-Tau die Jenisseier und Kutenbuluker Serie, nach Auffassung von A. N. TSCHURAKOW präkambrischen Alters, wieder eingeführt werden. Es wurden Kalke und Effusiva des Oberen Proterozoikums festgestellt, die im Schema von 1956 in das Kambrium gestellt worden sind (Kanymer und Taidoner Serien). Außerdem wurde u. a. der einheitliche Charakter der Uziner Serie festgestellt.

---

1) Aus: „Raswedka i ochrana nedr", Nr. 7, 1959. Übers: S. LÄCHELT

Für den östlichen Sajan wurde eine Übereinstimmung der Schemata der vier in diesem Bereich kartierenden geologischen Organisationen erreicht. Im allgemeinen wurden Fragen der Stratigraphie und des Magmatismus gelöst. Im besonderen wurde Übereinstimmung in Fragen der Stratigraphie des Devons der Rybiner Senke erzielt. Ebenfalls kam man bei der Bezeichnung von Serien und ihrem Umfang, wobei die Priorität und die neuesten Ergebnisse der geologischen Kartierung berücksichtigt wurden, zu einer Übereinstimmung.

In allen erwähnten Beratungen von Redaktionskollegien zeigten sich Meinungsverschiedenheiten, die an Hand der ursprünglichen Feldmaterialien diskutiert wurden. Dabei konnte in den meisten Fällen festgestellt werden, daß die Ansichten der Fachkollegen der Praxis weitgehend übereinstimmten, von den Ansichten der Mitarbeiter der wissenschaftlichen Forschungsinstitutionen aber abwichen.

Die Beratungen ergaben, daß sich die geologischen Organisationen an der Basis gefestigt haben und daß die wissenschaftlichen Forschungsinstitutionen eine engere Bindung zur Praxis erlangen müssen. Die Arbeit der Redaktionskollegien, an der ein breiter Kreis von Geologen teilnimmt, spielt also bei der Schaffung einheitlicher Legenden für ganze Kartenserien und bei deren Abstimmung aufeinander eine wesentliche Rolle.

Allerdings erfahren die Legenden ganzer Serien, die in den Redaktionskollegien aufeinander abgestimmt wurden, bei ihrer endgültigen Bestätigung unter dem Einfluß einzelner Experten der Wissenschaftlich-redaktionellen Räte, die die neuesten Ergebnisse nicht zu berücksichtigen wünschen, grundlegende Veränderungen. So war es z. B. mit den Zeichenerklärungen der Ostsajaner Serien. Bei ihrer Durchsicht durch die Experten des Wissenschaftlich-redaktionellen Rates vom WSEGEI (1959) und einzelner Vertreter der territorialen Institutionen landeten die stratigraphischen Schemata des Kambrium und Devon wieder bei ihrer Ausgangsposition von 1956, und die Erfolge einer vierjährigen blattweisen Kartierung sowie die Arbeit der Redaktionskollegien wurden fast vollkommen ignoriert. Die Experten, die in ihrer Mehrzahl die Schöpfer der stratigraphischen Schemata von 1956 sind, berücksichtigten nicht die Materialien der geologischen Aufnahmen. Deshalb wurde auch ein Schema angenommen, das den neuen Angaben erheblich widerspricht. Die Autoren einer Reihe von Blättern sind daher gezwungen, ihre Ergebnisse der bestätigten Legende „anzupassen" oder sich von ihr loszusagen und ihr Blatt entsprechend den neuen Ergebnissen anzufertigen. Im letzteren Fall kann es geschehen, daß das Blatt vom Wissenschaftlich-redaktionellen Rat des WSEGEI nicht anerkannt wird.

Außerdem zeigte sich auf den Beratungen der Redaktionskollegien, daß einzelne Autoren darauf dringen, daß ihre Schichtserienbezeichnungen unbedingt in die einheitliche Legende aufgenommen werden. So erscheinen z. B. in den Kartenserien der Minussinsker Senke devonische und karbonische Serien gleicher Lithologie und stratigraphischer Lage unter verschiedenen Bezeichnungen. Das Bestreben, eigene Serien auszugliedern, ist häufig weniger begründet als die Ausgliederung früherer oder auf den Nachblättern angenommener Bezeichnungen. Gegen solche Bestrebungen muß sich die Tätigkeit der Redaktionskollegien, der Redakteure von Blättern, des Wissenschaftlich-redaktionellen Rates und des Stratigraphischen Komitees richten.

Bei der großen Anzahl geologischer Kartenblätter, die gegenwärtig angefertigt werden, sind die Wissenschaftlich-redaktionellen Räte natürlich nicht in der Lage, bis in alle Einzelheiten dieses oder jenes Blattes einzudringen. Diese Arbeit müssen der Redakteur und der Rezensent, die Spezialisten sind, vornehmen. Die vorläufige Überarbeitung der Blattserien durch die Redaktionskollegien muß in erster Linie auf die Verbesserung der Qualität der Arbeitsergebnisse der geologischen Kartierungsgruppen gerichtet sein und die Arbeit der Wissenschaftlich-redaktionellen Räte erleichtern sowie die Herausgabe der geologischen Karten beschleunigen.

Die Herausgabe einwandfreier Staatlicher Geologischer Karten im Maßstab 1:200000 ist nur bei einem ehrlichen Verhältnis der Geologen zur anvertrauten Arbeit und einer objektiven Lösung aller Streitfragen durch die Autoren und Redakteure unter Berücksichtigung aller neuen geologischen Ergebnisse möglich. Nur so werden gute geologische Karten geschaffen. Die bis jetzt gesammelten Erfahrungen der Redaktionskollegien an den Karten im Maßstab 1:200000 zeigen, daß viele Grundlagen der stratigraphischen Schemata, wie sie auf der Beratung aller geologischen Organisationen 1956 angenommen worden waren, unter Berücksichtigung neuerer Ergebnisse überarbeitet werden müssen, was bis jetzt noch viel zu langsam geschieht. Daran sind die Autoren teilweise selbst schuld, die es versäumt haben, ihre neuen Ergebnisse rechtzeitig zu veröffentlichen. Es ist ratsam, solche Probleme in größerem Maße auf den Sitzungen der Wissenschaftlich-technischen Räte der territorialen geologischen Organisationen zu diskutieren und anschließend dieses Material an die Wissenschaftlich-redaktionellen Räte und das Stratigraphische Komitee weiterzuleiten.

Es erscheint notwendig, daß die geologischen Kollektive auf den Sitzungen ihrer Wissenschaftlich-technischen Räte rechtzeitig die neuen Ergebnisse und insbesondere die, die zur Präzisierung des stratigraphischen Schemas von 1956 dienen, diskutieren. Auf diesen Sitzungen sind konkrete Profile, durch Felddokumentation und Belegstücke untermauert, zu analysieren. Es ist wünschenswert, daß an den Sitzungen auch Mitglieder der Redaktionskollegien der Kartenserien teilnehmen.

Die Sitzungsprotokolle des Wissenschaftlich-technischen Rates sind mit dem notwendigsten Material (textliche und graphische Anlagen), die diese oder jene Aussage begründen, an die Wissenschaftlich-redaktionellen Räte des WSEGEI und SNIIGGIMS und an das Stratigraphische Komitee einzureichen. Wahrscheinlich treffen die neuen Angaben jährlich in den Monaten Februar—März nach Überarbeitung des Feldmaterials bei den Redaktionsräten ein. Die Redaktionsräte müssen das eingegangene Material schnell sichten, damit der kartierende Geologe schon vor Beginn der Feldsaison über die angenommenen Beschlüsse orientiert ist. So wird die Vertiefung, Vervollständigung und Vereinheitlichung der Legenden für die geologischen Karten organisch mit dem Prozeß der geologischen Forschung verbunden sein.

Die geologische Erforschung der UdSSR, gegenwärtig eine z. T. sehr schwierige geologische Aufgabe, ist nur durch volle Ausnutzung der Resultate der großen Arbeit unserer Vorgänger in Verbindung mit den neuen Ergebnissen möglich, was viele theoretische und praktische Probleme klären hilft.

Auch ist der administrative Druck durch einzelne Leiter territorialer geologischer Verwaltungen auf die Mitglieder der Redaktionskollegien bei der Annahme einiger Arbeitsschemata unzulässig. Die Oberingenieure der geologischen Organisationen, die sich mit der geologischen Kartierung befassen, sind für die rechtzeitige Abgabe der Karten und ihre hohe Qualität verantwortlich.

Im Verlauf der geologischen Kartierung des großen Territoriums der Sowjetunion, das sich durch erhebliche Unterschiedlichkeit im geologischen Bau auszeichnet, haben sich die sowjetischen Geologen ein reiches Material erarbeitet, das viele wissenschaftliche Fragen klären kann. Es ist notwendig, daß die Aussagen und Begriffe, die in der Vergangenheit aus westeuropäischen und amerikanischen Quellen geschöpft wurden, auf der Grundlage der neuen Ergebnisse der UdSSR vertieft und verbessert werden. Das ist möglich, da die Erforschung der UdSSR durch eine zahlreiche Geologenarmee durchgeführt wird, die mit einer materialistischen Theorie ausgerüstet und unter gemeinsamen methodischen Grundsätzen vereint ist.

Wandlung in der westeuropäischen Energiewirtschaft

ERICH LANGE, Berlin

Auf einer Delegiertenversammlung des Verbandes schweizerischer Gaswerke hielt E. STADELHOFER einen beachtenswerten Vortrag über „Politische Auswirkungen auf Westeuropa durch die Öl- und Erdgasfunde in Nordafrika". Er stellte (nach „Zürcher Zeitung" vom 12. 7. 1960) fest, daß es erst etwa seit 1955 so etwas wie ein europäisches Gesamtenergiebewußtsein gäbe. Die Erfolge bei der Suche nach neuen Ölvorkommen und die gleichzeitige Ausdehnung der Kohlenförderung gaben ab 1957 den Anstoß zu der schweren Kohlenabsatzkrise in Europa. Die überraschenden Erdölfunde in Nordafrika verschärften die Probleme und warfen neue politische Fragen auf. Bis 1965 wird aus der Nordsahara eine Energiezufuhr von 82,5 Mill. t SKE und bis 1975 von mindestens 200 Mill. t SKE in Form von Rohöl und Methan exportiert werden können.

Die Saharaenergie gibt den sechs Ländern der europäischen Wirtschaftsgemeinschaft die Möglichkeit, in der Energieversorgung autark zu werden, wobei Frankreich zur führenden Energiemacht Westeuropas aufsteigt. Während sich in Deutschland, Belgien und Luxemburg die Interessen im Energiesektor vorwiegend noch auf Kohle konzentrieren, stehen in Italien, Holland und Frankreich Erdöl und Erdgas im Vordergrund. So stellen die neuen Erdölfunde in der Sahara neue politische Probleme auf die Tagesordnung, die nur durch weitgehende Energiekoordinierung gelöst werden können.

Auch in dem von der „Kommission der Europäischen Wirtschaftsgemeinschaft", Brüssel, Mai 1960, veröffentlichten Dritten Gesamtbericht wird im § 226 ein koordiniertes Vorgehen auf dem Energiesektor gefordert.

„Der Entwicklung des Verbrauchs von Erdölerzeugnissen kommt eine wirtschaftliche Bedeutung zu, die mehr umfaßt als nur die mehr oder weniger schnelle Ersetzung eines Brennstoffes durch einen anderen. Die Verbreitung von Rohöl hat zu einer ständig wachsenden Zahl von Neuerungen auf dem Gebiet der anorganischen und organischen Chemie geführt, die nicht allein die Entwicklung der chemischen Industrie selbst, sondern auch diejenige zahlreicher anderer Industriezweige bestimmen, die die Erzeugnisse der Erdölchemie verwenden oder ihrem Wettbewerb ausgesetzt sind."

Mit der gleichen Problematik hat sich die „Forschungsstelle der FRIEDRICH-EBERT-Stiftung, Bonn" befaßt. In einer viel diskutierten Analyse wird festgestellt, daß die „Primärenergieträger" (Steinkohle, Braunkohle, Erdgas, Erdöl usw.) heute vorwiegend in Gestalt umgewandelter „Sekundärenergie" die wirtschaftliche Entwicklung beeinflussen. Das bedeutendste Faktum auf dem Energiemarkt ist das stürmische Vordringen des Erdöls, dem vorerst keine Grenzen gesetzt sind. „Die Erdölwirtschaft des Westens wird durch die Interessen der US-Erdölwirtschaft und einiger großer internationaler Konzerne beherrscht; diese Konzerne kontrollieren praktisch vollständig die Erdölvorkommen im Nahen Osten und in Südamerika und bestimmen fast ausschließlich die Preis- und Absatzpolitik für Erdöl" (vgl. Montan-Archiv, Nr. 81, vom 18. 10. 1960, S. 13).

Nach „Vereinigte Wirtschaftsdienste Montan", Ffm. vom 29. 9. 1960, führte die Analyse der Bonner Stiftung „zu dem Ergebnis, daß alle grundsätzlichen Entscheidungen hinsichtlich der Lenkungsmaßnahmen bei der Behandlung der einzelnen Energieträger weitgehend politische Entscheidungen sind". Sie müssen durch eine koordinierte Energiewirtschaftspolitik gelenkt werden.

Auch der „Unternehmensverband Ruhrbergbau, Abt. Öffentlichkeitsarbeit", Essen, 4. 10. 1960, nahm Stellung zu dieser Analyse. Von seiten des Steinkohlenbergbaus sei schon immer auf die Machenschaften der internationalen Erdölkonzerne hingewiesen worden, die „durch ihre Machtpolitik und Pressestrategie[1]) die Energiepolitik eines jeden westeuropäischen Landes entscheidend beeinflussen". Die nachgewiesenen, wahrscheinlichen und noch nicht endgültig nachgewiesenen Erdölvorräte sind nach Meinung des Ruhrbergbaus von einer frühzeitigen Erschöpfung bedroht! Deshalb sollte sich die Energiewirtschaftspolitik weiterhin auf die Kohle stützen, die die wichtigste Rohstoffbasis für die Gewinnung der Sekundärenergien, von elektrischem Strom und Gas, bildeten.

Der „Vorwärts", Bonn, 7. 10. 1960, der gleichfalls zu jener Analyse unter der Überschrift „Eine optimale Energiewirtschaft fehlt" Stellung bezieht, betont:

„In keinem anderen Wirtschaftsbereich sind die rechtlichen und tatsächlichen Monopole und Oligopole so eindeutig vorhanden wie in der Energiewirtschaft. Es handelt sich hier um einen Bereich, in dem der freie Wettbewerb als Steuerungsmittel nicht ausreicht bzw. versagt."

Nicht nur in Westeuropa, auch in allen anderen unter westlichem Einfluß stehenden Ländern versagt die Wirtschaftspolitik der Erdölkonzerne immer mehr, wie die neuesten Ereignisse in Kuba, Venezuela, Indonesien, Ägypten und vielen anderen Staaten Asiens, Afrikas und Südamerikas eindeutig beweisen.

---

[1]) Unter die Pressestrategie der internationalen Erdölkonzerne fällt auch die Beeinflussung der Fachpresse durch wissenschaftlich getarnte, nur als Mittel im Konkurrenzkampf benutzte Hypothesen, Theorien und Ansichten oft pseudowissenschaftlichen Charakters.

Die Preisbildung bei Rohöl und Raffinerieprodukten[1]

Scheich ABDULLAH TARIKI

Dieser Beitrag des im Mittleren Osten gut bekannten Generaldirektors des Amtes für Erdöl und mineralische Rohstoffe Saudi-Arabiens, der von ihm dem 2. Arabischen Erdölkongreß vorgelegt wurde, wird mit Zustimmung des Verfassers in deutscher Sprache veröffentlicht. Die Redaktion hat unwesentliche Kürzungen vorgenommen, die sich vor allem auf tabellarische Zusammenstellungen, erläuternde Beispiele usw. beziehen und die Beweiskraft der Arbeit nicht schmälern.

I. Einleitung

Die Einkünfte aus der Ölindustrie sind für die Rohöl gewinnenden Länder von zunehmender Wichtigkeit. Manche nationalen Budgets stützen sich tatsächlich, wie Tab. 1 zeigt, im wesentlichen auf diese Einkünfte:

Bis zur Einführung der sog. 50—50-Gewinnteil-Abkommen zwischen den Regierungen der Rohöl gewinnenden Länder und den Konzernen war das Interesse für den Ölpreis auf seiten der Regierungen gering, da ihre Einkünfte nach festen Sätzen der gewonnenen Rohölmenge entsprachen. Seitdem die Regierungen jedoch am Gewinn der Gesellschaften beteiligt sind, zeigen sie ein sehr reales und vitales Interesse für den Ölpreis und für die bei dessen Festlegung angewandten Methoden.

Im folgenden soll eine Übersicht über die Entwicklung der Ölpreisbildung und über die verschiedenen dabei mitwirkenden Faktoren, aus denen eine Methode für die Festlegung eines vernünftigen und gerechten Preises abgeleitet werden kann, gegeben werden. Damit wird den Interessen aller Beteiligten am besten gedient, und zwar durch einen gerechten Preis dem Fortschritt in den Rohöl fördernden Ländern, den Verbraucherländern mit der Garantie ständiger Öllieferungen zu fairen und vernünftigen Preisen und durch eine harmonische Arbeitsatmosphäre den produzierenden Gesellschaften[2].

II. Entwicklung der Ölpreise

A. Die Periode vor dem zweiten Weltkrieg

Die Periode zwischen 1921 und dem Beginn des zweiten Weltkriegs war in den USA eine Zeit des Wachstums und der Expansion der Ölindustrie. Viele in den Vereinigten Staaten operierende Gesellschaften dehnten ihre Ölerkundung auf fremde Länder aus, zuerst auf Südamerika und später auf den Mittleren Osten. Die Entdeckung beträchtlicher Ölvorräte, sowohl durch amerikanische als auch durch andere ausländische Gesellschaften in diesen Gebieten, machte die Schaffung einer vernünftigen und doch die eigene Ölindustrie der USA nicht schädigenden Preisstruktur wünschenswert. So wurde der Golf von Mexiko, das Hauptproduktions- und -exportgebiet, von den Gesellschaften als Basis für die Weltpreise gewählt. Bei dieser Methode wurde der Ölpreis, unabhängig davon, woher das Öl kam, nach dem Preis im Golf von Mexiko zuzüglich der Frachtkosten vom Golf bis zum Auslieferungsort veranschlagt[3]). Auf diese Weise ergaben sich natürlich einige Anomalien; so wurde z. B. ein in Abadan produziertes und in Bombay verkauftes barrel Leuchtpetroleum mit dem Fünffachen der tatsächlichen Frachtkosten belastet. Das bedeutete natürlich für die Gesellschaften vermehrte Profite. Da aber Europa der Hauptverbraucher des Öls aus dem Mittleren Osten war, fielen diese zusätzlichen Profite nicht allzusehr ins Gewicht. Für die Verbraucher ergaben sich jedoch einige Ungerechtigkeiten.

Diese Preisbildungsmethode wurde bis zum Ausbruch des zweiten Weltkriegs angewandt. Obwohl die großen Vorräte in Irak und Iran weitgehend erkundet waren, blieben die USA und die Westhemisphäre weiter die Hauptproduktions- und Hauptexportgebiete.

Tabelle 1.

Land	Jahr	Öleinkünfte in % des Budgets
Iran	1959	27
Irak	1958	47
Saudi-Arabien	1958—1959	81
Venezuela	1959	60

B. Die Periode des zweiten Weltkrieges

Bei Ausbruch des zweiten Weltkrieges wurden die Öllieferungen aus dem Mittleren Osten an das westliche Mittelmeergebiet und die aus den USA und Venezuela an das östliche Mittelmeergebiet unterbrochen. Der Ölbedarf der alliierten Streitkräfte, besonders von Großbritannien und den USA, machte jedoch deren Regierungen zu Hauptabnehmern von Mittelostöl und bewirkte de facto eine Produktionszunahme.

Dadurch wurde besonders für die britische Regierung die Preisfrage von großem Interesse. Das britische Schatzamt wandte gegen die alte Berechnung — Golf-Preis zuzüglich Fracht — ein, daß es unlogisch sei, die Kosten von 5000 Meilen Seetransport für in Haifa abgenommenes Öl zu bezahlen, wenn das Öl tatsächlich nur 600 Meilen weit über die Ölleitung aus Kerkuk gekommen war. Die Ölgesellschaften änderten ihre Preisbildungsmethode nun so, daß die fob-Preise im Exporthafen dieselben sein sollten wie die Golf-von-Mexiko-Preise für gleichwertige Rohöle oder deren Produkte[4]).

Auf diese Weise wurde der Lieferungs- oder cif-Preis gleich dem Golf-Preis zuzüglich der tatsächlichen Transportkosten vom Export- zum Lieferungsort, und die Verbraucher konnten dadurch in einigen Fällen — wie die Beispiele Abadan und Bombay zeigen — erhebliche Kosten einsparen. Die Fracht pro Tonne bis Bombay (1550 Meilen) beträgt $ 0,40, während die Fracht vom Golf bis Bombay (9680 Meilen) $ 2,10 betragen würde. Bei demselben posted price[5]) für beide Exportpunkte kann der Verbraucher $ 1,72 einsparen. (Bei einem Transport nach europäischen Häfen würde jedoch nur wenig oder gar nichts eingespart werden.) Der Mittelpunkt des Mittelmeers stellt tatsächlich den Ausgleichspunkt dar, an dem die cif-Preise vom Golf von Mexiko oder dem Arabischen Golf die gleichen sind.

Da das meiste exportierte Rohöl und die meisten Raffinerieprodukte cif bezahlt werden (bei Auslieferung an die Transportländer), spielen die Transportkosten für die Preise eine bedeutende Rolle. Eine Darlegung der Rolle der Frachtraten und der Tanker erscheint daher angebracht.

Während der Kriegsjahre war der Öltransport für die Weiterführung des Krieges ein wichtiger Faktor, was die USA und die britische Regierung veranlaßte, Agenturen zu seiner Kontrolle und Verwaltung zu errichten, und zwar in den USA die „United States Maritime Commission" (USMC) und in Großbritannien das „Ministery of Transport" (MOT). Diese Agenturen sollten u. a. für Tankerfahrten längs der Hauptrouten auf der Basis der totalen Durchführungskosten zuzüglich einer vernünftigen Gewinnspanne Frachtraten aufstellen. Die USMC-Raten für amerikanische Tanker und die MOT-Raten für britische Tanker wurden erst veröffentlicht, als die Kommission die Kontrolle der Raten eingestellt hatte. Die Grundlage bei der Berechnung der Raten der beiden Agenturen bildeten im allgemeinen Tanker mit folgenden Charakteristiken:

Tonnage	12,551 DWT Net.
Geschwindigkeit	290 Seemeilen/Tag

---

[1]) Übers.: Dr. HAVEMANN.

[2]) Der Ausdruck „Gesellschaften" bezieht sich in diesem Beitrag immer auf die großen koordinierten Ölgesellschaften, nämlich Standard Oil of New Jersey, Standard Oil of California, Socony Mobile, The Texas Company, The Gulf Oil Corporation, Royal Dutch Shell and British Petroleum.

[3]) The International Petroleum Cartel. Verbesserungsvorschlag der U. S. Federal Trade Commission, vorgelegt dem Sub-Committee on Monopoly of the select Committee on Small Business U. S. Senate 1952.

[4]) International Petroleum Cartel.

[5]) posted price = Listenpreis (d. Red.).

Brennstoffverbrauch 30 Tonnen/Tag
Durchführungskosten $ 1791/Tag (nicht eingeschlossen Brennstoff, Hafenausgaben oder Kanalspesen)[6])

Sowohl die USMC- als auch die britischen SCALE-Raten werden heute als Grundlage für die Ratenberechnung benutzt indem man für höhere Raten einen Prozentsatz hinzufügt und für niedrigere einen solchen abzieht; z. B. USMC + 20% oder SCALE — 10%.

C. Die Periode nach dem zweiten Weltkrieg

Nach Kriegsende bestanden die Voraussetzungen nicht mehr, die das Öl des Arabischen Golfs gehindert hatten, die Märkte des westlichen Mittelmeers und Westeuropas zu erreichen. Zur Aufhebung dieser Beschränkung kam die kriegsbedingte Steigerung der Produktions- und Raffineriekapazität im Gebiet des Arabischen Golfs sowie das Vorhandensein von erkundeten, aber noch nicht für die Produktion vorbereiteten Vorräten unvorhergesehenen Ausmaßes, die zu einer schnellen Entwicklung ermutigten, hinzu. Die Höhe der Produktionskosten in den USA und Venezuela[7]), die sich in den Vereinigten Staaten durchschnittlich auf mehr als $ 1,00 pro barrel beliefen, dagegen auf $ 0,25 bis $ 0,45 pro barrel im Arabischen Golf, gab einen zusätzlichen Antrieb. Ein weiterer die Produktionssteigerung im Mittleren Osten anregender Faktor war eine wachsende Besorgnis in den USA hinsichtlich der heimischen Vorräte, die infolge der abnormen Produktionsraten während des Krieges erheblich zusammengeschrumpft waren. Auf diese Weise verringerte sich infolge der hohen Produktionskosten, verbunden mit starker Produktionseinschränkung, besonders im Staate Texas, schnell die Bedeutung der Vereinigten Staaten als Produktionsland. Dies alles trieb die Gewinnung im Mittleren Osten weit über die der Kriegsjahre empor.

Um die westeuropäischen Märkte mit Rohöl und Raffinerieprodukten des Mittleren Ostens zu mit den Golf-Preisen konkurrenzfähigen Preisen beliefern zu können, mußten die Gesellschaften den Preis von in London geliefertem Mittelostöl nach dem Golf-Preis zuzüglich der Transportkosten vom Golf von Mexiko nach London ansetzen. Da die Transportkosten vom Golf von Mexiko aus um einen den Frachtkosten von Italien bis London entsprechenden Betrag geringer waren als die vom Arabischen Golf aus, mußten die Gesellschaften ihre Lieferpreise um diesen Betrag senken. Dies kann folgendermaßen formuliert werden: ,,Posted price Arabischer Golf = Golf-von-Mexiko-Preis plus Transportkosten nach London minus Transportkosten Arabischer Golf/London einschließlich Suez-Kanal-Spesen". Obgleich bei einer Berechnung nach dieser Formel damals ein niedrigerer posted price im Arabischen Golf als in Mexiko herauskam, war ihre Fassung im wesentlichen vernünftig, insofern sie den posted price mit dem Lieferpreis am Hauptmarkt in Beziehung setzte und die früher vorhandenen, künstlich hochgetriebenen Frachtsätze für näher gelegene Gebiete eliminierte. Grundsätzlich wurde mit dieser Formel anerkannt, daß für den Verbraucher in London auf einem freien Markt ein barrel Mittelostöl nicht mehr und nicht weniger wert ist als ein barrel venezuelisches oder Texasöl. Diese Formel wurde 1947 angewandt, als ein Preisanstieg um $ 1,40 im Golf von Mexiko den Ölpreis auf $ 2,68 pro barrel brachte. Der entsprechende Preisanstieg für den Arabischen Golf betrug $ 1,17 und steigerte den Preis auf $ 2,22 pro barrel, wobei die Differenz von $ 0,46 vermutlich den Unterschied in den Transportkosten ausdrückte.

Der Preis von $ 2,22 pro barrel blieb für 34°—34,9°-API-Arabisch-Golf-Rohöl bis November 1948 in Kraft, wo der Preis um $ 0,19 auf $ 2,03 herabgesetzt wurde. Das geschah nicht auf Grund einer Herabsetzung des Ölpreises im Golf von Mexiko, sondern auf Grund der damals etwas geringeren venezuelischen Preise. Diese Abweichung von den bisherigen Prinzipien war nur schwer zu rechtfertigen und stellte einen Willkürakt der Ölgesellschaften dar. Seit jener Zeit werden die Mittelost-Ölpreise zu den venezuelischen statt zu denen vom Golf von Mexiko in Beziehung gebracht.

D. Eine andere Entwicklung der Mittelost-Ölpreise

Als die Vereinigten Staaten aufhörten, ein reines Exportland zu sein, waren Venezuela und der Mittlere Osten die einzigen Konkurrenten am westeuropäischen (Londoner) Markt. Da in Venezuela und im Mittleren Osten dieselben Gesellschaften produzieren, konnte in Venezuela der jährliche Produktionszuwachs eingeschränkt und die Mittelost-Produktion gesteigert werden, um den zunehmenden Weltbedarf von 1945 bis 1950 zu befriedigen. Dieser Produktionsausgleich trotz der niedrigeren Kosten der Mittelost-Produktion wurde durch technische sowie die Vorräte betreffende Erwägungen gerechtfertigt. Die Mittelost-Betriebe waren jedoch gewinnbringender.

Im letzten Quartal des Jahres 1948 und im ersten des Jahres 1949 begannen die USA monatlich 4 Mill. barrels Öl aus dem Mittleren Osten zu importieren[8]). Dieses Öl wurde cif New York zu einem mit dem cif-Preis von venezuelischem Öl gleicher Qualität übereinstimmenden Preise verkauft. Um Europa bei seinem Nachkriegswiederaufbau zu unterstützen, war im Frühjahr 1948 die Economic Cooperation Administration (ECA) für das European Recovery Program gegründet worden. Eine der wichtigsten Aufgaben der ECA war die Finanzierung von Ölimporten und der Bau von Raffinerien. Für den Erfolg der ECA kam es daher darauf an, Rohöl zu möglichst niedrigen Preisen zu erlangen. Die Preisfestsetzung für Mittelostöl kam unter ihre Kontrolle.

Die Formel, nach der für Mittelost- und venezuelisches Öl London der Ort des Preisausgleichs war, wurde bereits erörtert. Es ist verständlich, daß Ölexporte aus dem Mittleren Osten nach den USA weniger vorteilhaft waren als direkte Verschiffungen nach London, da die Gesellschaften die zusätzlichen Transportkosten von $ 0,76 in Anspruch genommen hätten. Die ECA protestierte daher gegen zusätzliche Gewinne der Gesellschaften beim Ölverkauf nach Europa zu dessen wirtschaftlichem Nachteil und verlangte eine Überprüfung der Preisstruktur durch die Gesellschaften. Unter diesem Druck setzten die Gesellschaften den Preis für Arabisch-Golf-Öl von $ 2,03 um $ 0,15 auf $ 1,88 pro barrel herab. Diese willkürliche Herabsetzung stand mit keiner Preisbildungsformel in Einklang und mit dem venezuelischen Ölpreis in keiner Beziehung. Es blieb auch derselbe Gewinnausgleich bestehen.

E. Ermittlung von Mittelpreisen nach dem cif-Preis in New York und Frachtraten der USMC — 35,25%

Die Herabsetzung des Preises für Arabisch-Golf-Rohöl auf $ 1,88 unter dem Druck der ECA und weil sie vermutlich einen gerechteren Ausgleich schuf zwischen den Verschiffungen nach den USA, bedeutete im Effekt, daß der Preis von Arabisch-Golf-Öl auf der Basis von 10% des Marktes, nämlich 4 Mill. barrels monatlich nach den USA, berechnet wurde. Einige Ölexperten[9]) erwarteten jedoch, daß die Importe der USA an Mittelostöl beträchtlich anwachsen würden und befürworteten daher die Herabsetzung des posted price. Das bedeutete also, daß der fob-Preis von Mittelostöl der cif-Preis von venezuelischem Öl in New York minus die Frachtkosten vom Arabischen Golf nach New York sein würde.

Im Juli 1949 setzten die Gesellschaften den Preis für Arabisch-Golf-Öl wieder auf Grund der von den Ölexperten empfohlenen obengenannten Methode um $ 0,13 pro barrel, und zwar auf $ 1,75, herab[10]). Zu diesem Preis gelangte man jedoch nicht unter Zugrundelegung der reinen USMC-Raten, da dies eine Herabsetzung um $ 0,61 und einen fob-Preis von $ 1,27 pro barrel erbracht hätte. Statt dessen wurde wahrscheinlich die übliche Frachtrate der USMC minus 35,25% verwendet.

Auf diese Weise wurde der Ausgleichspunkt für Mittelost- und venezuelisches Öl auf der Basis von nur 10% des Mittelostmarktes von London nach New York verlagert. Diese Formel wird, wie man später sehen wird, immer noch angewandt.

F. Preise für die Zeit von Juli 1953 bis Juni 1957

Die Ölpreise wurden in den Vereinigten Staaten am 15. Juni 1953 und in Venezuela am 23. Juni 1953 heraufgesetzt. Die Preise stiegen für venezuelisches 35°—35,9°-API-Rohöl von $ 2,63 auf $ 2,88 pro barrel und für 32°—32,9°-API-Rohöl von $ 2,57 auf $ 2,82 pro barrel. Das ergab für 36°—36,9°-Rohöl des Mittleren Ostens eine Preisänderung von $ 1,75 auf $ 1,97 pro barrel[11]).

[6]) Oil-Tanker Economics. — Robert S. Nielsen, Bremen 1959, S. 110.
[7]) Durch ein Dekret der Regierung von Venezuela waren den in diesem Lande operierenden Ölgesellschaften Steuern von mehr als 50% der Gewinne auferlegt worden.
[8]) Internationales Petroleum Cartel, S. 364.
[9]) The Oil Forum, Nov. 1948.
[10]) Internat. Petr. Cartel, S. 367.
[11]) Platt's Oil Price Handbook, 1953.

Es besteht also eine Differenz von $ 0,06 pro barrel zwischen dem posted price von $ 1,97 und dem kalkulierten Preis von $ 2,03, die ohne Unterlage ist. Man kann lediglich annehmen, daß die Gesellschaften eine Frachtrate zugrunde legten, die um 25—35% höher war als die geltende USMC-Rate, oder daß sie die Erhöhung nach 32°—32,9°-venezuelischem Rohöl ansetzten, ohne die 2 Cents ausmachende Gewichtsdifferenz pro Grad zu berücksichtigen. In jedem Falle wurde das Mittelostöl auf ungerechte Weise benachteiligt, und man muß annehmen, daß die Differenz als zusätzlicher Profit den Abnehmern, die in Wirklichkeit die Eigentümer der produzierenden Gesellschaften sind, zufiel.

Der posted price von $ 1,97 blieb bis Juni 1957 in Kraft.

G. Preise von Juni bis Februar 1959

Die Suezkanalkrise von Oktober 1956 bis April 1957 verhinderte, daß das Mittelost-Rohöl seine Hauptmärkte in Europa, Nordafrika und der Westhemisphäre erreichte, ausgenommen die pro Tag 350000 barrels betragenden Lieferungen von saudi-arabischem Rohöl über die Tapline. Der übrige europäische Bedarf, der sich damals auf annähernd 2700000 barrels pro Tag belief, wurde von den USA und Venezuela gedeckt. Der gesteigerte europäische Bedarf, der über die normalen Anforderungen hinausging, und zusätzliche Importe für die Schaffung von Reserven brachten ab Januar 1957[12]) eine Erhöhung um $ 0,25 pro barrel für Rohöl aus den Vereinigten Staaten und aus Venezuela. In derselben Zeit waren die Raten für einzelne Tankerfahrten sehr hoch. Sie erreichten von November 1956 bis April 1957 eine Spitze von USMC + 200%.

Die Ölgesellschaften erhöhten den Preis für Mittelostöl erst ab Juni 1957. Dieser Aufschub war möglicherweise auf den Verlust der Märkte in Europa und in der Westhemisphäre zurückzuführen, obgleich weiterhin pro Tag 350000 barrels über die Fernleitung und durch Verschiffung an östliche Märkte geliefert wurden. In dieser Zeit betrug die Produktion nur etwa zwei Drittel der normalen Höhe. Nach der Wiedereröffnung des Suezkanals und der Wiederaufnahme der normalen Form der Mittelostöl-Verschiffungen begannen die Tankerraten zu sinken, bis sie im Mai 1957 den USMC—40%-Satz erreichten. Die Gesellschaften setzten zur gleichen Zeit eine Preiserhöhung um $ 0,15 pro barrel für 36°—36,9°-Arabisch-Golf-Rohöl an, was einen Preis von $ 2,12 pro barrel brachte.

Hier besteht, wie in Abschnitt F, wieder eine unerklärte Differenz von $ 0,08 pro barrel zwischen dem posted price von $ 2,12 und dem kalkulierten Preis. Wieder kann man allenfalls annehmen, daß die Gesellschaften eine höhere Frachtrate (USMC — 30%) als die geltende benutzten oder den Mittelostpreis auf venezuelisches 32°—32,9°-Rohöl bezogen. Wahrscheinlicher aber ist, daß die Preisdifferenz wieder als zusätzlicher Profit den Abnehmern und damit den Konzernen zufiel. Diese Annahme wird dadurch verstärkt, daß die Gesellschaften 90% der Welttankerflotte entweder besaßen oder gechartert hatten.

Dieser posted price von $ 2,12 pro barrel für arabisches Rohöl von 36°—36,9° Gewicht blieb bis Februar 1959 in Kraft[13]).

III. Die gegenwärtige Preisbildungsmethode

Es wurde dargelegt, daß der Preis für Golf-von-Mexiko- und venezuelisches Rohöl im Januar 1957 um $ 0,25 pro barrel erhöht wurde. Die entsprechende Erhöhung für Mittelostöl im Juni 1957 betrug $ 0,15 pro barrel. Auf diese Weise entstand eine immer größere Diskrepanz zwischen den Mittelost-Preisen und den Preisen der Vereinigten Staaten, wie hier näher behandelt werden soll.

Von April 1957 bis Januar 1959 wurden die Preise für einige Rohöle der Vereinigten Staaten in der in Tab. 2 gezeigten Weise herabgesetzt.

Aus Tab. 2 ist ersichtlich, daß einige Rohöle Preisherabsetzungen von $ 0,12 bis 0,20 erfahren haben, während die Preise anderer konstant geblieben sind.

Am 6. Februar 1959 (im Gefolge eines neuen venezuelischen Einkommengesetzes, wonach die Regierung mehr als 60% der Nettoprofite der Ölgesellschaften erhielt) setzte die Shell Oil Company of Venezuela Ölpreisherabsetzungen von $ 0,05 bis $ 0,15 pro barrel fest. Die anderen in Venezuela

Tab. 2. Rohölpreise in den USA von Januar 1957 bis Juli 1960 (in Dollar pro barrel)

Rohöl	API-Gewicht	Januar 1957	Februar 1959	Juli 1960
Texas — fob-Gulf	26—26,9°	3,50	3,50	3,50
Westtexas — süß	36—36,9°	3,12	3,00	3,00
Westtexas — sauer	32—32,9°	2,91	2,71	2,71
Osttexas	ohne Artangabe	3,25	3,25	3,25

fördernden Gesellschaften folgten mit ähnlichen Herabsetzungen, die zumeist $ 0,15 pro barrel betrugen. Da die Mittelost-Ölpreise auf die venezuelischen bezogen waren, wurden sie ihrerseits am 13. Februar 1959 um 0,18 $ pro barrel herabgesetzt, wobei die British Petroleum Company als erste die Herabsetzung ankündigte. Der neue Preis für Mittelost-34°—34,9°-Rohöl betrug $ 1,90.

Die Abhängigkeit der Mittelost-Preise von den venezuelischen ergibt sich unter Anwendung der Preisbildungsformel wie folgt:

a) Frachtraten von Venezuela bis New York:

USMC—35,25%	$ 0,24/Bbl.
USMC—30%	$ 0,25/Bbl.

b) Frachtraten von Ras Tanura bis New York:

USMC — 35,25%	$ 1,11/Bbl.
USMC — 30%	$ 1,19/Bbl.

Bei Anwendung der Formel würde der posted price von arabischem 34°—34,9°-Rohöl auf der Basis von venezuelischem 37°—37,9°-Rohöl zu $ 2,94 und USMC-Frachtraten minus 35,25% $ 2,07 betragen. Entsprechend würde bei venezuelischem 35°—35,9°-Rohöl zu $ 2,90 pro barrel der Mittelost-Preis $ 2,03 und bei venezuelischem 32°—32,9°-Rohöl zu $ 2,84 der Mittelost-Preis $ 1,97 betragen.

Wenn man diese venezuelischen Preise und Gewichte, aber USMC-Transportraten minus 30% benutzt, würden die kalkulierten Mittelost-Preise bei $ 2,00, $ 1,96 und $ 1,90 liegen.

Aus all dem ist ersichtlich, daß der Mittelost-Preis nicht nur nach einem niedrigeren Ölgewicht kalkuliert wurde, sondern daß bei Anwendung der Formel auch höhere Frachtraten als die geltenden benutzt wurden. Bei Berücksichtigung der Gewichtsdifferenz von 2 Cents/Grad und der vorherrschenden Frachtraten hätte der Preis für 34°—34,9°-Mittelost-Rohöl $ 2,01 und in keinem Falle weniger als $ 1,94 betragen müssen.

Am 4. April 1949 kündigte die Shell Oil Company of Venezuela eine zweite Herabsetzung um $ 0,1 bis $ 0,5 pro barrel an mit der Behauptung, daß diese notwendig sei, „um das venezuelische Öl gegenüber dem Mittelostöl konkurrenzfähiger zu machen"[14]).

Dies alles zeigt deutlich, daß die Preisherabsetzung für Mittelost-Rohöl, wenn auch die erste Herabsetzung im Februar 1959 der Korrelation mit dem Preis von Venezuela dienen sollte, über Kalkulationen nach der Preisbildungsformel hinausging. Gegenüber der zweiten Preisherabsetzung für venezuelisches Rohöl im April desselben Jahres erscheint es nicht unlogisch, anzunehmen, daß die übermäßige Herabsetzung der Mittelost-Preise absichtlich zur Rechtfertigung der zweiten venzuelischen Preiskürzung vorgenommen wurde. Die Kürzung der Mittelost-Preise konnte nicht mit Konkurrenzgründen gerechtfertigt werden, und wieder muß man den Schluß ziehen, daß der Überschuß den Rohöl abnehmenden und den Rohöl fördernden Gesellschaften als zusätzlicher Profit zufloß.

IV. Transportgewinne

Wie bereits dargelegt, wirkten sich die Frachtraten erheblich auf die Preise von Mittelostöl aus. Das Verfahren der Ölgesellschaften bei der Festsetzung des Preises für Mittelostöl in Relation zu venezuelischem Öl bestand darin, Frachtraten von USMC — 30% bis USMC — 35,25% zu benutzen, die der Einzelfahrt eines 10000-Tonnen-Dwt.-Tankers entsprachen. Bei den verschiedenen Preisänderungen für Mittelostöl durch die Gesellschaften lagen aber die Frachtraten um 30—60% unter den einfachen USMC-Raten.

Von Januar 1949 bis August 1950 betrugen die Frachtraten im Durchschnitt USMC — 33,7%, und von Januar 1953 bis Dezember 1954 sank dieser Durchschnitt auf

[12]) Platt's Oil Price Handbook, 1957.
[13]) Petrol. Press Service, July 1957.
[14]) Oilgram Press Service, April 8, 1959.

Tabelle 3

Periode	Gesamte Mittelost-Produktion (barrels)	Rabatt	Gesamtabzüge
1. 8. 53 – 31. 5. 57	4352089798	0,35	2306607593
1. 6. 57 – 12. 2. 59	2531498581	0,57	1442954191
13. 2. 59 – 4. 4. 59	233494899	0,60	140084939
5. 4. 59 – 8. 8. 60	2350768175	0,50	4175384088
		zusammen	5065030811

USMC — 40%. Von April bis Dezember 1957 sank die Rate weiter auf USMC — 52%, und diese Rate oder etwas weniger war für einzelne Charterfahrten bis 1949 gültig.

Wenn auch die von den Ölgesellschaften bei den Preisänderungen für Mittelostöl benutzten Frachtraten im Jahre 1949 den tatsächlich damals laufenden Raten entsprachen, so beruhen doch die späteren Preisänderungen im Juni 1957 und Februar 1959 auf Raten von USMC — 30% bis USMC — 35,25%, die höher lagen als die tatsächlichen Raten von USMC — 40% bis USMC — 52%.

Die Methode des Preisausgleichs zwischen Mittelost- und venezuelischem Öl bei Lieferung in New York ist bereits diskutiert worden. Für den Markt von Mittelostöl ist dieses System jedoch nicht realistisch, da der Absatz in New York nur 8% der Mittelost-Produktion beträgt, während der Absatz in Westeuropa 55% der Mittelost-Produktion ausmacht. Es ist viel logischer und realistischer, London zum Ausgleichspunkt zu machen, da Großbritannien der größte Ölverbraucher Westeuropas ist. Ferner bringt das heutige Verfahren, das einen Ausgleich zwischen Mittelostöl und einem venezuelischen Öl niedrigeren Grades schafft, einen weiteren Verlust für das Mittelostöl.

Es bringen also alle drei genannten Berechnungsarten Nachteile für das Mittelostöl, wodurch, wie man annehmen muß, den Gesellschaften zusätzliche Profite zu den Produktionsprofiten zufließen. Vor einer weiteren Erörterung dieser Fragen soll jedoch kurz auf die Welttankerflotte und auf ihre Eigentümer eingegangen werden.

Im Jahre 1958 bestand die Welttankerflotte aus 2400 Tankern mit einer Gesamtwasserverdrängung von 52,6 Mill. t. Davon waren 19,5 Mill. t oder 37% im Besitz der Ölgesellschaften[15]). Außerdem waren 2200 Tanker oder 91% des Gesamtanteils im Besitz der Gesellschaften oder waren von ihnen langfristig gechartert. Die Gesellschaften beherrschen also in großem Maße den Weltöltransport.

Die Kosten des Transports durch Tanker sind durch den Bau von Supertankern seit der Suezkrise stark gesunken. Die 1957 gebauten 456 Supertanker von mehr als 2400 Dwt entsprechen 60% des gesamten Tankerbaus dieses Jahres; ihre Totalverdrängung von 15,9 Mill. t beträgt 31,5% der Gesamtflotte von 50,4 Mill. t. Seit 1957 wurden insgesamt 1116 Tanker mit einer Gesamtverdrängung von 37407000 t gebaut. Von dieser Gesamttonnage kommen 26184900 t oder annähernd 70% auf Supertanker[16]).

1958 vergrößerte sich die Weltflotte um 123 neue Tanker mit einer Gesamtverdrängung von 7,2 Mill. t. Bei 63 Tankern betrug die Verdrängung über 30000 t. Im Bau oder für 1958 in Auftrag gegeben waren 735 Tanker, davon 555 mit Verdrängungen von mehr als 24000 t, wie folgende Aufstellung zeigt[17]):

Zahl der Supertanker	Leergewichtstonnage
255	24000 — 40000
293	40000 — 80000
7	80000 und mehr

Das gesamte Dwt. der Welttankerflotte betrug am 1. Juli 1960 65629174 t. Im ersten Halbjahr kamen 83 neue Tanker hinzu — 52 mit Verdrängungen von über 30000 t —, und in Auftrag gegeben wurden 398 Tanker mit einem Total-Dwt. von 16,3 Mill. t. 320 dieser Tanker werden ein Dwt. von mehr als 24000 t und 209 von den 320 ein Dwt. von mehr als 40000 t haben[18]).

Nach einer Schätzung vom 1. Juli machen die Supertanker 26,5 Mill. t. oder 40% der totalen Dwt.-Tonnage der Weltflotte aus. Diese Veränderung in der Zusammensetzung der Flotte beruht darauf, daß die Transportkosten niedriger sind, als es früher bei kleineren Tankern möglich war. So kostet z. B. der Transport von einem barrel Öl durch einen 65000-t-Tanker annähernd halb soviel wie der Transport durch einen 18000-t-Tanker. Somit müßte, da der Transport mit einem 18000-t-Tanker USMC — 30% bis USMC — 35% kostet, der Transport mit einem 65000-t-Tanker von USMC — 65% bis USMC — 67% kosten.

A. Unrealistische Inbezugsetzung von Mittelostpreisen zu venezuelischen Preisen auf der Basis von cif-New York

Die jetzigen posted prices für Arabisches Rohöl von 36°—36,9°-API-Gewicht in Ras Tanura und die formelmäßig nach venezuelischen Rohölen abweichenden Grades kalkulierten Preise beziehen sich auf New York als Ausgleichspunkt. Der posted price für arabisches Rohöl des genannten Grades hätte ebenso wie venezuelisches Rohöl gleicher Qualität im Juli 1953 $ 2,03 pro barrel kosten müssen statt $ 1,97, wie von den Ölgesellschaften festgesetzt. Ebenso betrug der kalkulierte Preis, der im Juni 1957 hätte benutzt werden müssen, $ 2,20 statt $ 2,12, wie von den Gesellschaften festgesetzt, also eine Differenz von 8 Cents pro barrel. Diese Differenzen sind wahrscheinlich entweder auf die Verwendung eines niedrigeren Grades von venezuelischem Rohöl zur Gleichsetzung oder auf die Benutzung von Frachtraten, die über die geltenden hinausgehen, zurückzuführen. Auf jeden Fall wurden diese Differenzen vom Preis des arabischen Rohöls abgezogen und stellen somit zusätzliche Profite für die Ölgesellschaften dar.

Im April 1959 setzten die Ölgesellschaften zum zweiten Mal während des Jahres die Preise für venezuelisches Rohöl herab, um es konkurrenzfähiger mit dem Mittelost-Rohöl zu machen, und beseitigten so diese Art der Abzüge. Jedoch erfolgte in dieser Zeit ein etwas größerer Abzug in anderer Form.

B. Inbezugsetzung von Mittelost-Ölpreisen zu venezuelischen Ölpreisen in einer den tatsächlichen Märkten nicht entsprechenden Form

Von Juli 1949 bis zur Gegenwart wurde der posted price von Mittelostöl so berechnet, daß sein cif-Preis in New York dem cif-Preis von venezuelischem Öl in New York gleich wurde. Man müßte danach annehmen, daß die USA der Hauptmarkt für Mittelostöl sind, aber de facto beläuft sich der Absatz nur auf 8% der Mittelost-Produktion im Vergleich zu 55% Lieferung nach Westeuropa. Diese Ölmenge stellte 90% des gesamten Ölimports nach Westeuropa dar und betrug 1959 140646000 metric tons.

Würde, wie es logisch wäre, die Preisfestsetzung für Mittelostöl auf Westeuropa als seinen Hauptmarkt mit London als Gleichsetzungspunkt bezogen, so lautete die Formel für die Preiskalkulation:

„Mittelost-Preis = Venezuela-Preis plus Fracht Venezuela — London minus Fracht Arabischer Golf — London."

Bei dem gegenwärtigen System wird der Preis von Mittelostöl durch eine theoretische Frachtrate herabgedrückt, die der Fracht von London nach New York und von New York nach London entspricht, so daß der Preis auf sein jetziges Niveau gesenkt wird. Diese theoretische Frachtrate haben die Gesellschaften in Form eines Preisnachlasses für ihre Abnehmer oder in Form gesteigerter Transportprofite gewonnen. Tab. 3 gibt eine Schätzung dieser Profite vom 1. August 1953 bis zum 8. August 1960.

C. Inbezugsetzung von Mittelost-Ölpreisen zu denen von Venezuela unter Benutzung höherer als der wirklichen Frachtraten

Die Tendenz zur Verwendung von Supertankern und das sich daraus ergebende Absinken der Frachtraten seit 1959 wurden bereits erörtert. Diese Entwicklung führte zu einer

Tabelle 4

Periode	Gesamtproduktion (barrels)	Rabatt Bbl.	Gesamtbetrag des Rabatts
1. 6. 57 – 12. 2. 59	2531498581	0,08	202519886
13. 2. 59 – 4. 4. 59	333474899	0,08	18677972
5. 4. 59 – 8. 8. 60	2350768175	0,08	188061454
	5115741655	0,08	409259322

[15]) Oil Tanker Economics, R. S. Nielsen, Bremen 1959, S. 168.
[16]) Oil and Gas Journal, Aug. 4, 1958, S. 66–67.
[17]) Platt's Oilgram News Service, Jan. 26, 1959.
[18]) Platt's Oilgram News Service, Juli 22, 1960.

Herabsetzung der Frachtraten auf den heutigen Stand von USMC — 50%, aber trotzdem haben die Ölgesellschaften weiter die in den Jahren 1949—1950 geltenden Raten von USMC — 30% bis USMC — 35% zur Berechnung des Mittelost-Ölpreises benutzt. Indem sie eine höhere als die laufende Frachtrate anwandten, haben die Ölgesellschaften tatsächlich den Preis um \$ 0,08 ermäßigt, dieser Rabatt wurde den Transportprofiten hinzugefügt. Multipliziert man diesen Rabatt mit der Gesamtölproduktion in diesen Perioden, so ergeben sich die in Tab. 4 zusammengestellten Werte.

Der gesamte diskontierte Betrag, der von den Gesellschaften als Profit aus den theoretischen Frachtraten realisiert wurde, beläuft sich auf \$ 5474290133.

Wenn die Preise des Mittelostöls unter Benützung von London als Ausgleichspunkt sowie der jetzt geltenden Frachtraten (USMC — 50%) berechnet worden wären, so würden die Regierungen der ölproduzierenden Länder des Mittleren Ostens die Hälfte des genannten diskontierten Gesamtbetrages, nämlich \$ 2737145066, zusätzlich zu den tatsächlich ausgezahlten Beträgen erhalten haben.

V. Schlußfolgerungen

Die Inkonsequenzen und Ungerechtigkeiten der bis jetzt von den Ölgesellschaften bei der Preisfestsetzung für Mittelostöl benutzten Methoden wurden ausführlich dargelegt. Es ist wesentlich, daß diese Mängel durch die Anwendung einer logischen und gerechten Preisbildungsformel, die auf realistischen Erwägungen über Märkte, Transportspesen und Basiswert des Öls beruht, korrigiert werden. Alle diese Bedingungen werden erfüllt, wenn man die Preise von Mittelost- und venezuelischem Öl auf die im Golf von Mexiko, dem größten Produktions- und Verbrauchszentrum von Erdöl in der Welt, bezieht. Diese Preise sind hinsichtlich der Transportkosten von den verschiedenen Fördergebieten so zu korrigieren, daß sie in London, dem Hauptmarktzentrum für Mittelostöl, konkurrenzfähig werden. Die Formel kann wie folgt aufgestellt werden:

„Mittelost-Posted-Price ist gleich Golf-Preis plus tatsächliche Transportkosten vom Golf nach London minus tatsächliche Transportkosten vom Mittleren Osten nach London."

Wir sind der Meinung, daß die Anwendung dieser Formel die in der Vergangenheit herrschenden Unklarheiten und Ungerechtigkeiten beseitigen wird.

Ein paar Bemerkungen über die allgemeinen Probleme der Ölindustrie des Mittleren Ostens sowie Empfehlungen für deren Lösung mögen hier angebracht sein.

Die Beherrschung des größten Teils der Weltproduktion, -verarbeitung und des Transports von Erdöl durch die großen Ölgesellschaften kann führen und hat geführt zu einem Interessenkonflikt mit den produzierenden Ländern, deren Wirtschaft in entscheidendem Maße von ihren Öleinkünften abhängt. Die gegenwärtige Situation, in der die produzierenden Länder die von ihrem Hauptexport zu erwartenden Einkünfte nicht genau vorausberechnen (oder kontrollieren) können, kann ernste Folgen haben, wenn von den Konzernen Fehler gemacht werden. Wir glauben, daß diese Fehler durch folgende Maßnahmen vermieden oder wenigstens auf ein Minimum reduziert werden können:

1. Trennung der Rohöl gewinnenden Gesellschaften von den Stammgesellschaften, was durch Verkauf der Anteile einer Rohöl gewinnenden Gesellschaft an die Aktionäre der Stammgesellschaft möglich ist. Auf diese Weise werden die produzierenden Gesellschaften unabhängig und können ihre Tätigkeit am besten mit den Interessen des Gastlandes und dessen Aktionären in Einklang bringen.

2. Verlegung des Direktionsgremiums der Gesellschaft in das produzierende Land und entsprechende Zusammensetzung dieses Gremiums, so daß es die Aktionäre und die produzierenden Länder vertritt.

3. Um jede Verwirrung in den gegenwärtigen Marktbedingungen zu vermeiden, sollen zwischen den Stammgesellschaften und den produzierenden Gesellschaften Handelsabkommen für den Verkauf von Rohöl und Raffinerieprodukten abgeschlossen werden, die den Verträgen ähnlich sind, die zwischen der Gulf Oil Corporation in Kuwait und der Shell Oil Company sowie zwischen der British Petroleum Company und der Standard Oil Company of New Jersey und der Socony Mobile Oil Company bestehen. Diese vertraglichen Vereinbarungen regeln auf lange Sicht den Verkauf von Rohöl und Raffinerieprodukten durch die Gulf Oil Corporation und die British Petroleum Company an die Shell Oil Company, die Socony Mobile und die Standard Oil Company of New Jersey. Die produzierenden Gesellschaften werden sich je nach ihrer Leistungsfähigkeit in verschiedenen Ländern um günstige Öllieferungsbedingungen bemühen, ohne daß ein Interessenkonflikt mit den Stammgesellschaften auftritt, da diese eine unvorteilhafte Konkurrenz vermeiden werden, die zu Verlusten sowohl für die Länder als auch für die produzierenden Gesellschaften führen könnte. Letztere werden ihre Aktivität in nicht von den Stammgesellschaften belieferten Ländern einschränken.

Die Annahme dieser Verfahren wird unserer Meinung nach die Mißverständnisse der Vergangenheit beseitigen und die ölgewinnenden Länder sowie die Industrie instand setzen, in einer Atmosphäre des gegenseitigen Verstehens und der Harmonie voranzukommen.

Zusammenfassung

Es wird ein Überblick über die Entwicklung der Ölpreisbildung gegeben. Verf. weist nach, daß das Mittelostöl gegenüber dem venezuelischen und dem USA-Öl mehrfach erheblich benachteiligt worden ist, und zwar durch Manipulationen, besonders hinsichtlich der Frachtsätze, bei denen sich für die Gesellschaften unberechtigte zusätzliche Gewinne ergaben. Er schlägt daher eine gerechtere Methode der Preisbildung vor.

Резюме

Дается обзор о развитии образования цен на нефть. Автор показывает, что нефть Среднего Востока, по сравнению с нефтью из Венесуэлы и США, несколько раз значительно бывала в убытке. Это производилось манипуляциями, особенно в области издержек по перевозке, при которых общества получали несправедливые добавочные прибыли. Автор поэтому предлагает более справедливый метод образования цен.

Summary

A survey is given of the development of oil price formation. The author shows that owing to manipulations particularly in the fixation of freight-rates which led to unauthorized additional Company profits, oil from the Middle East in manifold respect has been discriminated against oil from Venezuela or the USA. He suggests a more impartial method of price formation.

Neue Verfahren der sowjetischen Hüttenindustrie

ERICH LANGE, Berlin

Der Schaffung neuer metallurgisch-chemischer Produktionsverfahren wird in der Sowjetunion größte Bedeutung beigemessen. Gleichzeitig gilt die Mechanisierung und Automatisierung bei der Eisen- und Stahlgewinnung als wichtigstes ökonomisches Ziel. Von der so gekennzeichneten Entwicklung werden auch viele mineralische Rohstoffe, wie Eisenerze, Kalk, Koks, Erdgas, feuerfeste Materialien usw., betroffen. „Stahl und Eisen" vom 13. Oktober 1960 betont, daß der Hochofen noch die „zentrale Stütze in aller Welt" sei. Trotzdem bestehe in vielen Industrieländern eine gewisse Besorgnis, ob er auch weiterhin die Grundlage der Hüttenwerke bleiben werde. Für die deutsche Hüttentechnik bestehe die Gefahr, vom Ausland „überrollt" zu werden.

In der UdSSR konnten durch Anreicherung des Gebläsewindes mit Sauerstoff und Erdgas, Verwendung von selbstgängigem Sinter (an Stelle von Stückerzen mit Kalkzuschlag), Erhöhung des Fe-Gehaltes im Möller und andere Verbesserungen beträchtliche Leistungssteigerungen der sowjetischen Öfen und beachtliche Kokseinsparungen je t erzeugten Rohstahls erzielt werden. Der „Presse- und Informationsdienst der Hohen Behörde" bestätigte in seiner Nr. 21, Luxemburg, August 1960, diese Tatsachen und stellte sie als nachahmenswert heraus.

Bereits 80% des Roheisens werden in der Sowjetunion unter erhöhtem Gichtgasdruck gewonnen. In den SM-Öfen können durch Verwendung von kaltem Erdgas die Selbstkosten um 40—50% verringert werden, da dann keine Wärmespeicher und Luftleitungen mehr notwendig sind. Bei dem intensiven Betrieb der SM-Öfen können nicht mehr die üblichen Auskleidungsstoffe, wie Dinas-Silicasteine und Schamotte, verwendet werden. Demgegenüber haben sich Ofengewölbe aus Chromitmagnesit-Steinen und Forsterit-Gitterwerke in Wärmespeichern ausgezeichnet bewährt. Durch die Verwendung dieser feuerfesten Materialien ist es möglich, die Temperatur der Gewölbe und Gitterwerke erheblich zu erhöhen, dadurch die Abstichdauer um 8—10% zu verkürzen und die Festigkeit der Öfen zu verdoppeln oder sogar zu verdreifachen.

I. USSJUKIN nahm in der „Prawda" vom 14. 9. 1960 vor allem zur Frage komplexer metallurgisch-chemischer Verfahren Stellung. Das Hauptproblem besteht darin, bei dem Erschmelzen von Roheisen ein Gichtgas zu erzeugen, das für die chemische Weiterverarbeitung, insbesondere für die Ammoniaksynthese, geeignet ist.

„Hierdurch kann die Ökonomik der metallurgischen und der chemischen Industrie weitgehend verändert und der Bau teurer Stickstoffwerke eingeschränkt werden."

Milliarden m³ Sauerstoff werden von der chemischen Industrie für zahlreiche Oxydationsprozesse, im Eisenhüttenwesen bei der Stahlerzeugung und im Hochofenbetrieb verwendet. Die komplexe Nutzung des Sauerstoffes bei chemischen und metallurgischen Prozessen ermöglicht die Einsparung großer Mengen Sauerstoff, die ohne die komplexe Auswertung verbraucht werden müßten.

Bei einer Erhöhung des Sauerstoffgehaltes des Gebläsewindes um 4% steigt das Roheisenausbringen des Hochofens um etwa 15%. Es wird empfohlen, den Sauerstoffgehalt des Windes auf 30—40% (einschließlich Luftsauerstoff) zu erhöhen und ihm gleichzeitig Erd- oder Kokereigas zuzuführen. Das dann entstehende wasserstoff- und kohlensäurereiche Gichtgas kann bestens für die Synthese von Ammoniak, Methanol und anderen chemischen Produkten ausgewertet werden. Es enthält etwa 65% Kohlendioxyd und Wasserstoff für die Ammoniaksynthese. Bei der Erzeugung von 1 t Stahleisen fällt eine Gichtgasmenge an, die etwa 0,5 t Ammoniak entspricht.

Der Sauerstoffverbrauch je t Roheisen liegt bei etwa 250 m³, der Erdgaszusatz ist etwa ebenso groß. Die Ofenleistung steigt bei solcher Zusammensetzung des Gebläsewindes um etwa 150%, der Koksverbrauch sinkt von 730 auf 350 kg je t Roheisen. Das so entstehende Gichtgas, das als Synthesegas verwendet werden kann, ist der billigste Ausgangsstoff für die Ammoniakherstellung. Bisher benötigte man für die Erzeugung einer Tonne Ammoniak aus Erdgas etwa 450—500 m³ Sauerstoff. Nach der Verwendung von Sauerstoff und Erdgas im Hochofen erhält man die gleiche Ammoniakmenge aus dem Gichtgas wie bei der direkten Verarbeitung des Erdgases. Dabei hat nun dieses neue Synthese-Gichtgas bereits das Roheisenausbringen auf 150% erhöht und den Koksverbrauch um 50% gesenkt! Daher sanken bei Anwendung dieses neuen Produktionsverfahrens die Herstellungskosten einer t Roheisen um 70—80 Rubel und die des Ammoniaks um das Anderthalbfache. Der Investitionsaufwand für den Bau von Ammoniakwerken wird also bedeutend verringert werden können.

Nach ersten Berechnungen könnte in der Zeit des Siebenjahrplanes mehr als die Hälfte aller Hochöfen auf den neuen Wind umgestellt werden. Hierdurch wäre es möglich, die Roheisenerzeugung um 15 Millionen t zu erhöhen und praktisch unerschöpfliche Rohstoffreserven für eine wirtschaftliche Herstellung von Ammoniak, Stickstoffdüngemitteln und anderen chemischen Erzeugnissen zu schaffen.

Die kombinierte Verwendung von Sauerstoff und Wasserdampf im Endstadium der Gichtgasumwandlung verwandelt den gesamten Kohlenstoff des Kokses, Erd- und Koksgases in Kohlendioxyd. Gegenwärtig werden Untersuchungen durchgeführt, die der Nutzung eines Teiles dieses Kohlendioxyds im Hochofenprozeß selbst gelten. Hierdurch könnten der Koksverbrauch noch weiter und vor allem der Sauerstoffverbrauch bis auf 130—150 m³ je t Roheisen gesenkt werden.

Sowjetische Wissenschaftler erklärten in ihren Arbeiten, daß die Pflanzen das Kohlendioxyd nicht nur aus der Luft (durch die Blätter), sondern auch über das Wurzelsystem aus dem Boden aufnehmen, in dem es an Salze gebunden vorliegt. Darum muß das Kohlendioxyd, wenn es als Düngemittel verwendet werden soll, mit Hilfe des Ammoniaks als Salz gebunden werden. Der vorgesehene Umfang der Harnstofferzeugung ermöglicht es, nur die Hälfte des im kombinierten Betrieb anfallenden überschüssigen Kohlendioxyds in Salz umzuwandeln, die verbleibende Menge kann für die Herstellung eines neuen Stickstoffdüngers, des doppeltkohlensauren Ammoniaks, benutzt werden. Es muß darauf hingewiesen werden, daß für die Erzeugung dieser Düngerart erheblich weniger Investitionsmittel als für den Harnstoff erforderlich sind und daß dieser Dünger bei höherer Wirksamkeit billiger ist als Harnstoff.

Bei kombinierter Ausnutzung des Sauerstoffs in metallurgischen Betrieben wird es möglich, bis zu 30 Mill. t Kohlendioxyd jährlich in Salz zu binden oder hiervon bis 150 kg je ha Ackerfläche in den Boden zu bringen und dadurch den Ernteertrag wesentlich zu erhöhen.

So wirken sich die komplexen metallurgisch-chemischen Produktionsverfahren in einer außerordentlichen Herabsetzung der Selbstkosten bei der Herstellung von Eisen und Stahl sowie von künstlichen Düngemitteln aus. Sie geben also gleichzeitig für die Hebung der industriellen und der landwirtschaftlichen Produktion neue Impulse und sind berufen, in hohem Maße die Erhöhung des allgemeinen Wohlstandes zu fördern.

Verdrängungserscheinungen am Anhydrit[1)]

HARALD WEYRICH, Schwerin

Verdrängungserscheinungen am Anhydrit durch Polyhalit, wie sie von G. SCHULZE vorwiegend aus den Übergangsschichten zum Flöz Staßfurt sowie aus dem Leinezyklus beschrieben werden, treten auch am Übergang vom Basalanhydrit zum Älteren Steinsalz (Staßfurtsteinsalz) der Staßfurtserie auf.

Ein Beispiel hierfür findet sich in der Grube des Kaliwerkes „Karl Liebknecht" bei Bleicherode (südl. Harzvorland). Im südlichen Grubenfeld ist der Basalanhydrit mehrfach angefahren. An einer Aufsattelung konnten folgende Verhältnisse festgestellt werden:

Im Liegenden dunkelgrau gefärbter Basalanhydrit nimmt gegen das vom Staßfurtsteinsalz gebildete Hangende zunehmend einen rötlichen Farbton an. Die Mächtigkeit dieser rot-gelb gefärbten obersten Zone des Basalanhydrites (eine scharfe Grenze gegenüber den grauen Partien des Anhydrites ist makroskopisch nicht festzustellen) beträgt ca. 15 cm. Das Hangende besteht aus grobkristallinem grauem Steinsalz, in dem zuweilen noch anhydritische Schmitzen eingelagert sind.

Die Ursache der Verfärbung des Anhydrites besteht in einer Verdrängung durch Polyhalit, wie Dünnschliffe aus der unmittelbar unter dem Steinsalz liegenden Zone zeigten.

In Abb. 1 ist deutlich zu erkennen, wie die ursprünglich idiomorphe Gestalt des Anhydritkornes schon weitgehend durch Polyhalit zerstört wurde. Der Polyhalit liegt hier in beinahe radialstrahliger Ausbildung mit dem Anhydritkorn als Mittelpunkt vor.

Diese „radialstrahlige" Ausbildung ist jedoch nicht bei allen Polyhalitaggregaten anzutreffen. Es kommen durchaus auch randlich bereits in Polyhalit umgewandelte Anhydrite vor, bei denen der Polyhalit keine besondere Texturierung erkennen läßt (Abb. 2).

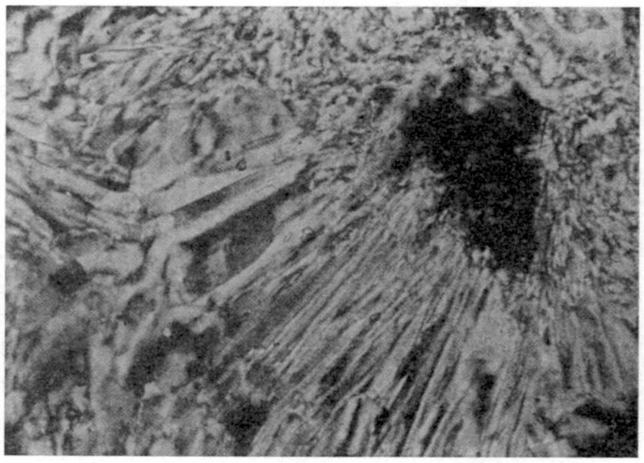

Abb. 1. Dünnschliff aus der obersten Zone des Basalanhydrites: Verdrängung von Anhydrit durch Polyhalit (Anhydrit in Dunkelstellung)
Vergr. ca. 120fach, × Nicols

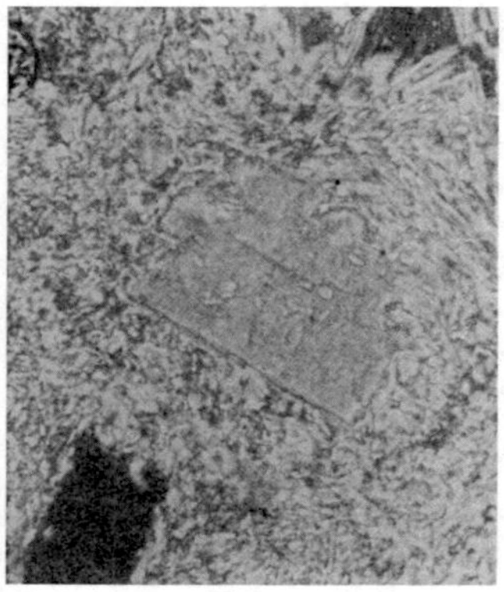

Abb. 2. In Bildmitte idiomorpher Anhydrit, randlich bereits in Polyhalit umgewandelt, in einer feinkörnigen Polyhalitgrundmasse
Vergr. ca. 120fach, × Nicols

1) Diskussionsbemerkung zum „Beitrag zur Genese des Polyhalites im deutschen Zechsteinsalinar" v. G. SCHULZE, Halle, in: Z. angew. Geol., Jg. 6, H. 7, S. 310–317 (1960).

Literatur

SCHULZE, G.: Beitrag zur Genese des Polyhalites im deutschen Zechsteinsalinar. — Z. angew. Geol., 6, S. 310–317 (1960).

WEYRICH, H.: Mineralogisch-petrographische Untersuchungen im Grubenfeld des Kaliwerkes „Karl Liebknecht", Bleicherode. — Dipl.-Arb., Min.-Petr. Inst. Jena, 1957, unveröff.

Lesesteine

Die zweite Jugend Bakus

Einem Bericht, der im „Neuen Deutschland" vom 2. 11. 1960 unter der Überschrift „Baku in neuer Morgenröte" erschienen ist, entnehmen wir:

„Die Enkel jener Bakuer Arbeiter, die lange vor der Revolution als erste im ganzen Zarenreich den Imperialisten und Monopolisten einen Kollektivvertrag abgetrotzt hatten und das Zentrum der revolutionären Bewegung Transkaukasiens bildeten, machten vor etwa sechs Jahren auch dem Gerücht den Garaus, daß Bakus Schatz, sein ‚schwarzes Gold', versiege. Bis zu Tiefen von 5000 m stießen sie in die Erde. Was sie zutage förderten, war wiederum ‚Gold', doch diesmal nicht schwarz, sondern weiß.

Knapp hundert Jahre schon wird auf der Apscheronhalbinsel Erdöl gefördert. Eine Million zweihunderttausend Mal war der Bohrmeißel ins Erdinnere gedrungen, um das schwarzfette Naß heraufzuschaffen, das über einen langen Weg der Raffination zu Benzin wird. Als erst kürzlich, nach fünfjährigen Bohrversuchen, der Stahl in die zweite Etage des Erdinnern fast 4000 m tief eindrang, schoß hell und klar das neue Lebenselexier Bakus mit naturgewaltiger Macht in die Höhe. Das ist ein mit Gas vermischtes Kondensat aus Benzin, Ligroin und Petroleum.

Der heute 34jährige MIRZA BABAJEW, der die Arbeiten an Dutzenden reicher Vorkommen des ‚weißen Erdöls' leitet, war damals dabeigewesen. Statt schwarz kam es strohgelb aus der kilometerlangen Sonde, erzählt er. ‚Wie überrascht waren wir damals; war doch für uns Erdöl ebensowenig weiß, wie Milch schwarz sein konnte. Ich füllte es so, wie es aus dem Bohrloch kam, in mein Feuerzeug, und es brannte.'

Heute spricht man in Baku schon davon, daß das Karadag-Kondensat direkt in den Tank der Autos gefüllt werden kann.

Mit dieser Entdeckung beginnt die zweite Jugend Bakus; denn die Apscheronhalbinsel bis hinein ins Meer birgt in Tausenden Meter Tiefe reiche Vorkommen gasförmigen Erdöls. Mit mehr als 300 Atmosphären Druck heraufgepreßt, verdichtet sich das benzinhafte Gas auf seinem Wege zur Erdoberfläche in den fünf Kilometer langen Rohren zu Flüssigkeit. Das Gas wird nur noch vom Kondensat geschieden, jedes für sich ein unermeßlicher Schatz."

Imperialistische Propaganda versuchte, durch Gerüchte die Ansicht zu verbreiten, daß das Erdölzentrum von Baku keine Zukunft mehr habe, weil seine in den oberen Stockwerken vorhandenen Erdölvorräte zu Ende gingen. Dadurch, daß die Bakuer Arbeiter nicht an diese Märchen glaubten und tiefer in das zweite Stockwerk der Erdkruste hineinbohrten, gelang es ihnen, die wertvollen kondensathaltigen Naßgase aufzufinden und damit dem ehrwürdigen Erdölrevier eine neue Zukunft zu bringen. E.

Profit aus der Krise

In ihrer 3. März-Ausgabe 1960 nahm „Die Andere Zeitung", Hamburg, zur Krise im Ruhrgebiet Stellung:

„Den Kohlenkonzernen scheint die Krise recht gut bekommen zu sein. 70% aller Kohlenimporte, vornehmlich aus den USA, in einer Höhe von 43,9 Mill. t Steinkohle gingen durch die Hände der zecheneigenen Kohlenhandelsgesellschaften. Am Heizölumsatz, dem vermeintlichen ‚Konkurrenten', waren die Bergwerksunternehmungen im Jahr 1959 zu 40% beteiligt. . . .

Nach dem Wegfall der Bergarbeiter-Wohnungsbauabgabe von 2,— DM je Tonne Kohle konnten 120 Mill. DM zusätzlicher Gewinn durch die Konzerne erzielt werden. Es verwundert also nicht, daß die Durchschnittsdividende von acht Prozent trotz der Krise konstant blieb, daß die Kurswerte der Bergbau-Konzerne innerhalb von 12 Monaten wie folgt stiegen:

Gelsenkirchener Bergbau AG von $140^1/_2$ auf $189^1/_2$, Hoesch AG von $145^1/_2$ auf $256^1/_2$, Thyssen Bergbau von 196 auf 380. Nichts beweist deutlicher, daß im Zeichen des ‚Wirtschaftswunders' außer mit Kühlschränken, Autos und Panzerwagen auch mit der Krise ein vorteilhaftes Geschäft zu machen ist."

Und wie sieht es augenblicklich im Ruhrgebiet aus? Auch hierüber informiert uns „Die Andere Zeitung":

„Schon jetzt ist es den Arbeitsämtern fast unmöglich, entlassene Bergarbeiter in andere Berufe zu vermitteln. Die in die städtischen Kassen fließenden Steuern vermindern sich. Bochum droht, wie von Oberbürgermeister Dr. HEINEMANN angekündigt, ein Notstandsgebiet zu werden. In der Stadt Herten/Westf. hat der Schuldenstand inzwischen die Höhe von 5,4 Mill. DM erreicht. Das entspricht einer Schuldenlast von 102 DM je Einwohner. Datteln, bekannt durch die geplante Errichtung von Raketenbasen, will mit einer Sammlung innerhalb der Bürgerschaft den Bau eines Hallenbades finanzieren. Dringende kommende Bedürfnisse bleiben unberücksichtigt. Essen, Duisburg und Oberhausen sind die Brennpunkte des Obdachlosenproblems in der Bundesrepublik. Keine Stadtverordnetenversammlung kann den rund 28000 Obdachlosen helfen. Mit der weiteren Durchführung der Stillegungen wird das Ruhrgebiet zum Armen-Haus der Bundesrepublik. Die Bundesregierung sieht dieser verhängnisvollen Entwicklung tatenlos zu."

Die Hochburg des westdeutschen Imperialismus wird infolge einer rückständigen Wirtschaftsordnung, die die aus der Modernisierung der Energiebasis sich ergebenden ökonomischen Probleme nur auf Kosten der Bergarbeiter lösen kann, für die aus dem Arbeitsprozeß Ausgestoßenen zum Armenhaus. Von dieser Verelendung profitieren diejenigen, die gleichzeitig kalt lächelnd mehr als eine Milliarde aufgeschlossener Vorräte hochwertiger Steinkohle zugrunde gehen lassen. Wiederum ein drastisches Exempel der als „Wirtschaftswunder" von dem aus der Krise Profite Ziehenden gepriesenen kapitalistischen Wirtschaftsweise!

e.

Fossilisierte „Petrolchemie"

Vor etwa vier Jahren begann in der westdeutschen Fachpresse unter Führung von „Erdöl und Kohle" ein Feldzug gegen den Begriff „Petrochemie", der im internationalen Maßstab für den Erdöl, Erdgas und Derivate verarbeitenden chemischen Industriezweig verwendet wird. Viele westdeutsche Wissenschaftler, z. B. SCHNEIDERHÖHN („Zeitschrift für angewandte Geologie", 1958, S. 582) und andere schlossen sich diesem Vorgehen an und empfahlen zusammen mit „Erdöl und Kohle" die Verwendung des Wortes „Petrolchemie".

Als diese Wortbildung auch in die Fachpresse der DDR eindrang, begann unsere Zeitschrift Mitte 1958 (S. 344) mit einer Diskussion, über den Begriff Petrochemie, die zwei Fortsetzungen fand (1958, S. 580, und 1959, S. 181). Leider beteiligte sich die Zeitschrift „Erdöl und Kohle" nicht an unserer Diskussion, und einige unserer Wissenschaftler, die gern nach dem „großen Bruder" im Westen schielten, bemühten sich weiter, die in Westdeutschland erfundene Bezeichnung auch bei uns in der DDR heimisch zu machen. In dem petrochemischen Industriezweig benutzt man als Ausgangsrohstoffe vorwiegend gasförmige Kohlenwasserstoffe und nicht Petroleum. Daher kann die Bezeichnung „Petrolchemie" zu falschen Anschauungen führen. Um diese abzuwehren, leitete unsere Zeitschrift die Diskussion ein.

Durch den letzten Geschäftsbericht der Standard Oil (N. J.) wurde bekannt, daß unter den Vorräten, die dieser Konzern in den USA kontrolliert, zum ersten Mal die Erdgasvorräte die Erdölvorräte — nach dem Energieäquivalent verglichen — überwiegen. Die Standard Oil ist im Begriff, sich in den USA in eine „Standard Gas" umzuwandeln. Diese Tatsache mußte auch „Erdöl und Kohle" anerkennen. Seit Anfang des Jahres verschwand mehr und mehr die bisher protegierte Bezeichnung „Petrolchemie" aus ihren Beiträgen. Und seit August 1960 firmiert die westdeutsche Zeitschrift: „Erdöl und Kohle, Erdgas, Petrochemie".

Wir freuen uns, daß das konzernhörige westdeutsche Fachblatt seinen bisherigen Kurs, durch die von ihm erfundene „Petrolchemie" Verwirrung zu stiften, aufgegeben hat, und hoffen, daß auch bei uns in der DDR die sogenannte „Petrolchemie" baldigst überall als abgestorbenes Fossil erkannt werden wird.

E.

Besprechungen und Referate

VIETE, G., O. WAGENBRETH, R. HUNGER & H. REICHERT

Geologie, Bd. 1

Allgemeine Geologie I

2. Aufl., XVIII + 692 S., 310 Abb., 25 Tab., 10 Taf., Bergakademie Freiberg 1960, 25,— DM

In Buchform ist jetzt der erste Band der 2. Auflage der Freiberger Fernstudium-Lehrbriefe für Geologie erschienen. Der Band enthält fünf Vorlesungen aus dem Gebiet der Allgemeinen Geologie (astronomisch-geophysikalische Grundlagen und Exogene Dynamik). Drei weitere Bände (Endogene Dynamik, Historische Geologie I und II) sollen folgen.

Die Freiberger Lehrbriefe haben sich bereits seit einigen Jahren bewährt. Sie dienten zahlreichen Fernstudenten aus bergbautreibenden Berufen als Grundlage für das Studium der Geologie im Nebenfach. Doch läßt sich denken, daß das Buch auch im Direktstudium von den Studierenden der Geologie, Mineralogie, Geographie usw. mit Erfolg als Leitfaden benutzt werden kann. In bezug auf Qualität und Quantität des gebotenen Stoffes steht es den üblichen Hochschullehrbüchern wohl kaum nach. Die astronomisch-geophysikalischen Grundlagen sind unter Berücksichtigung neuester Literatur sogar ausführlicher behandelt als allgemein üblich. Übersichtlicher Druck und reiche Bebilderung kommen besonders den Fernstudenten zugute. Seminarfragen zu jedem Kapitel, die am Ende des Bandes beantwortet werden, geben ihm die Möglichkeit der Selbstkontrolle.

Natürlich darf man von dem Buch nicht verlangen, daß es auch denjenigen Teil des geologischen Wissens vermittelt, den man ohne lebendige Anschauung gewöhnlich nicht erwerben kann, z. B. die Kenntnis der Minerale und Gesteine, die Fähigkeit zur Beurteilung einer geologischen Situation im Gelände usw. Hierfür sind — wie im Direktstudium — Übungen und Exkursionen erforderlich.

Zu bedauern ist, daß die Verfasser trotz guter Erfahrungen mit ihren Lehrbriefen ein Fernstudium der Geologie als Hauptfach ablehnen. Eine ausgewogene und sinnvolle Kombination von Fern- und Direktstudium würde sehr vielen bereits in der geologischen Praxis tätigen Kollegen Anreiz und Möglichkeit bieten, sich zum Diplom-Geologen zu qualifizieren.

Das besprochene Lehrwerk könnte auch dafür als gute Grundlage dienen.

E. SCHLEGEL

MIKLUCHO-MAKLAI, A. D.

Die Stratigraphie der Karbonablagerungen Mittelasiens

„Westnik Leningraskowo Uniwersiteta", Nr. 6, S. 20—30, Ser. Geol. i Geogr., Ausg. 1, Leningrad 1960

Die marinen Karbonablagerungen, die in Mittelasien weit verbreitet sind, stehen größtenteils dem Devon sehr nahe; eine riesige marine Transgression überdeckte vom frühesten Karbon bis zum Visé dieses Gebiet. Eine Beeinflussung der lokalen Verteilung und der Fazies der Schichten erfolgte durch starke tektonische Bewegungen zu Beginn des Mittelkarbons und fortsetzend im Spätkarbon. Während im Früh- und Mittelkarbon weitgehende Beziehungen zwischen den marinen Becken Mittelasiens und den angrenzenden Gebieten bestanden, fand im Spätkarbon eine Isolierung abgetrennter Meeresteile statt, in denen sich eine endemische Fauna entwickelte. Das Karbon ist konkordant vom Perm überlagert; die Grenze läßt sich durch die Gesteinsausbildung und mit Hilfe der Fauna festlegen. — Tab. 1 zeigt eine biostratigraphische Einteilung des gesamten Karbon in Mittelasien, und zwar wurden folgende Tiergruppen vergleichend nebeneinander gestellt: Foraminiferen, Brachiopoden, Lamellibranchiaten, Goniatiten, Korallen.

Diese biostratigraphische Einteilung läßt sich gut in Übereinstimmung bringen mit den entsprechenden Schichten der Russischen Plattform, dem Donezbecken, dem Ural (westlicher Teil) und China (s. Tab. 2). G. HERBST

SOLOWEW, S. P.

Die Besonderheiten der Entwicklung der metamorphen Gesteine auf dem Territorium der UdSSR

„Sapiski Wsesoj. Min. Obsch.", 1959, Folge 6, S. 637—654

In den Jahren nach 1945 wurden in der Sowjetunion eine Vielzahl von petrographischen Untersuchungsergebnissen über metamorphe Gesteine veröffentlicht. Der Autor charakterisiert kurz die wichtigsten metamorphen Gesteine regionalmetamorpher, kontaktmetasomatischer und metasomatischer Natur (kristalline Schiefer, Gneise, Jaspilite, Skarne, Greisen, sekundäre Quarzite, Beresite, Propylite, Serpentinite und Fenite). Dabei werden vor allem die geographische Verbreitung und stratigraphische Stellung dieser Gesteine betrachtet.

Im zweiten Teil der Arbeit werden die Besonderheiten der Entwicklung der metamorphen Gesteine und die Frage des genetischen Zusammenhanges dieser Gesteine mit den zugehörigen magmatischen Körpern gezeigt, da bestimmte metamorphe Gesteine für verschiedene geologische Epochen charakteristisch sind.

Zum Schluß wird der Versuch unternommen, einige vermutliche Ursachen der ungleichmäßigen Entwicklung dieser Gesteine in der Geschichte der Erdkruste zu klären. Die präkambrischen metamorphen Gesteine entstanden meist unter Wechselwirkung mit sauren magmatischen Schmelzen in bedeutenden Tiefen durch eine intensive Durchwärmung des Nebengesteins. Die nachproterozoischen Intrusionen sind meist von geringerem Ausmaße, zeigen scharfe Kontakte zu den Nebengesteinen und besitzen stellenweise sogar subvulkanischen Charakter. Auf Kosten saurer Effusivgesteine entstanden teilweise die sekundären Quarzite, die sich in geringen Tiefen (Kasachstan) oder unter Oberflächenbedingungen (Kamtschatka) bildeten. Für das Präkambrium sind subvulkanische Bildungen nicht charakteristisch. In einigen Gebieten (z. B. zentraler Nordkaukasus) zeigen die metamorphen Gesteine eine Zonalität. BY.

EGGELPOEL, A. VAN

Étude sur l'évolution des huiles au cours des migrations

Revue de l'Inst. Fr. du Pétr., Jg. 14 (1959), Nr. 12

Von der Untersuchung der asphaltischen Bestandteile einer Lagerstätte gelangt der Verf. zu einer neuen Hypothese über die Entwicklung des Öls während seiner Migration. Er findet eine mathematische Beziehung zwischen dem Entwicklungsstadium, das sich in der optisch erkennbaren Dichte ausdrückt, und der durchlaufenen Migrationsstrecke. Aus der graphischen Darstellung dieser Beziehung könne der Verlauf der Migration nach Strecke und Richtung bzw. Richtungsänderung ermittelt werden. Es ist klar, daß die Aufhellung des Migrationsweges durch ein solches Verfahren entsprechend seiner Zuverlässigkeit für den Ansatz von Bohrpunkten von großem Wert wäre.

Wie verschiedene Untersuchungen ergeben haben, ändert sich während der Migration das prozentuale Verhältnis der Bestandteile des Öls. Die schwereren Bestandteile, nämlich die asphaltischen, die harzigen und das schwere Öl, nehmen zu, das leichtere (unter 300° C flüssige) Öl nimmt ab. Das jeweilige Verhältnis kann aus der Löslichkeit oder der Trennbarkeit durch chromatographische Adsorption ermittelt werden. Als Ursachen für die Veränderung kommen in Frage: 1. Verdampfung des leichteren Öls und Adsorption gewisser Fraktionen, 2. die schwereren Öle werden durch Nachströmen leichterer Öle vorgetrieben, 3. chemische Umwandlung des Öls während der Migration. Auf die letztere Ursache legt der Verfasser das Hauptgewicht, und zwar auf Grund von chemischen Untersuchungen mit dem Ergebnis, daß an der Front der Migration eine Konzentration der veränderlichen Moleküle stattfindet sowie eine Umformung dieser Moleküle. Auf dieser Grundlage konstruiert er nach den spektrometrischen Messungen graphisch Weg und Verlauf der Migration. Das mathematische Verfahren, mittels dessen er aus jeweils an mehreren geographischen Punkten gewonnenen Testen auch gekrümmte Migrationswege aufzeigt, wird durch graphische Darstellung erläutert. Mit Tabellen und Diagrammen über die Lagerstätten von Oued Beth (Marokko) und Pointe-Clairette (Gabon) gibt er Beispiele der Anwendung. Auch bezüglich des Pariser Beckens gelangt er zu bestimmten Schlußfolgerungen. HAVEMANN

Les Gisements du Bassin de Paris

„Revue de l'Institut Français du Pétrole", Bd. XV (1960), S. 987—1050

Unter obigem Titel werden von einer Reihe von Autoren die neuesten Kenntnisse über die einzelnen Ölfelder des Pariser Beckens veröffentlicht. Im Februar 1958 war zum ersten Male Rohöl im Pariser Becken in wirtschaftlicher Menge im obersten Dogger angefahren worden. Die Nachfolgebohrung Coulommes 2 erbringt seit Juni 1958 eine Produktion von 50 m^3/Tag. Die bis Ende 1959 erzielten Resultate sind so ermutigend, daß im laufenden und in den kommenden Jahren die Sucharbeiten intensiviert werden sollen. Die Kartenskizze zeigt die Ausdehnung der Konzessionsgebiete und die produktiven Felder im Pariser Becken.

Die Einzelbeiträge des Autorenkollektivs behandeln:

TILLOY, R. & M. DARDENNE:
Le Gisement de Coulommes-Vaucourtois et le périmètre de Dammartin-en-Goële (Die Lagerstätte von Coulommes-Vaucourtois und das Gebiet von Dammartin-en-Goële), S. 994—1003

MAUGUY, V.:
Gisement de Châteaurenard, S. 1004—1010

Compagnie d'Exploration Pétrolière Régie Autonome des Pétroles:
Champ de Chailly-Chartrettes, S. 1011—1027

BOUCHÉ, P., J. FOLLOT, J.-M. PAGEZY & J. CH. HEUBERGER:
Gisement de Saint-Martin-de-Bossenay, S. 1028—1045

Régie Autonome des Pétroles:
Champ de Villemer, S. 1046—1050

Die mesozoischen Speichergesteine weisen manche Ähnlichkeiten zu Speichergesteinen von Brandenburg auf. Deshalb sollten die angeführten Beiträge, die viele bemerkenswerte Einzelheiten bringen, die nötige Beachtung für unsere eigenen Sucharbeiten finden. E.

Konzessionsgebiete und Erdölfelder im Pariser Becken

Erdgas

Hrsg. Österreichische Mineralölverwaltung AG, Wien 1960

Das vorzüglich ausgestaltete Buch gibt eine vielseitige Information über die gegenwärtige Gewinnung und Verwertung von Erdgas in Österreich. Kurze Zusammenfassungen informieren über jedes einzelne der österreichischen Erdgasfelder, deren Rohgase 90—97% Methan enthalten. Ausführlich werden, unterstützt von ausgezeichneten Abbildungen, die technischen und Transportanlagen besprochen. Auch unseren Geologen, unter ihnen vor allem den Ingenieurgeologen, dürfte dieses Buch, soweit bei uns der Transport von Methangas durch Fernleitungen akut wird, manche wertvollen Hinweise vermitteln. E.

MICHALIĆEK, M. & J. PŘIKRYL

Die Tonsedimente der erdölhöffigen Gebiete der ČSSR und ihre Bedeutung in den Erdölunternehmen

Acta Universitatis Carolinae — Geologica, Nr. 1—2, 1959, S. 211—216

Beschrieben wird die Untersuchungsmethodik, die aus der DTA und der Röntgenanalyse besteht. Untersucht wurden Tiefbohrkerne aus den Gebieten Lužice, Týnec, Láb und Oyssobá sowie aus der kleinen Donautiefebene, dem Gebiet von Nová Vieska.

Die Sedimente des tschechoslowakischen Teils des inneralpinen neogenen Beckens haben vorwiegend illitischen Charakter, Montmorillonit tritt bis auf die Sedimente des Helvets selten auf. Kaolinit wurde in diesem Gebiet nicht festgestellt. In den neogenen und paläogenen Sedimenten der Bohrung Nová Vieska ist das häufigste Tonmineral ebenfalls Illit, doch im Torton und Pannon tritt vorwiegend Montmorrillonit auf. Für Bohrzwecke und technologische Eignung wurde auf diese Schichten montmorillonitischen Tones hingewiesen. E. P. MÜLLER

DAVIDSON, C. F.

Rejuvenation of Pitchblende in Hercynian ore Deposits

Economic Geology, vol. 55, S. 383—386 (1960)

Sowohl von lagerstättenkundlicher Seite als auch von seiten der absoluten Altersbestimmungen an Mineralien wurde in den letzten Jahren häufig darauf hingewiesen, daß auf den Erzlagerstätten, speziell den hydrothermalen Gängen, nach Beendigung der primären Ausscheidungen offensichtlich kein „Stillstand" in der Mineralisation eintritt, sondern daß jüngere Vorgänge — deszendenter oder auch aszendenter Natur — Auflösungen und nochmalige Abscheidungen, d. h. also Mobilisierungs- und Umlagerungsvorgänge, bewirken. Diese Mobilisierungsvorgänge lassen sich besonders gut an pechblendeführenden Gängen nachweisen, da mit Hilfe verschiedener Methoden das Alter der Pechblende bestimmt und zum Alter des vermutlich erzbringenden Granites in Beziehung gesetzt werden kann. DAVIDSON faßt in einer kurzen Studie einige dieser neuen und auch älteren Altersbestimmungen an Graniten, Pegmatiten und Pechblenden europäischer Herkunft zusammen und stellt sie zur Diskussion. Dabei unterscheidet er in Europa vier Typen hypogener Pechblendevererzungen:

1. Katathermale pechblendeführende Zinn-Kupfer-Gänge, teils im Granit, teils in den Kontaktgesteinen aufsetzend (Typ Cornwall). Auf diesen Gängen wurde hauptsächlich Zinn- und Kupferbergbau betrieben; die Urangewinnung aus diesen Lagerstätten war und ist unbedeutend.

2. Mesothermale pechblendeführende Gänge der BiCoNi-Formation, gleichfalls in Aureolen um Granite auftretend. Gänge dieses Typs finden sich wiederum in Cornwall und im Erzgebirge. (Wie wir heute wissen, stimmt die Pechblendeparagenesis z. B. der Gänge des Erzgebirges nicht ganz mit den hier und auch schon früher gegebenen Daten — siehe z.B. O. W. OELSNER, 1958, Geologie, 7, 682—701 — überein.)

3. Sogenannte epithermale Gänge mit z. T. massiver Pechblende, meist in Paragenese mit Pyrit und gelegentlich mit Bleiglanz, Kupferkies, Zinkblende und Covellin. Gänge dieser Art finden sich innerhalb größerer Granitbatholiten und kommen z. B. in Portugal (Urgeiriça) und Frankreich (La Crouzille) vor.

4. Eine disperse Mineralisation, möglicherweise von granitischen Restlösungen abstammend, in Sedimenten nahe von Plutonen. Solche Vererzungen finden sich z. B. in präordovizischen Schichten in Portugal. Auch gewisse Pechblendevorkommen in Schwarzschiefern oberkarbonischen Alters in den Vogesen ähneln diesem Typ.

Ein Vergleich der Ergebnisse der Altersbestimmungen an Pechblenden mit dem Alter der varistischen Granite, das übereinstimmend mit etwa 280—310 Mill. Jahre angegeben wird, zeigt, daß nur ein Teil dieser Pechblenden zu den unmittelbaren Ausscheidungen aus Restlösungen dieser Granite gezählt werden kann und daß der restliche Teil jünger ist, während des Zechsteins, der Trias oder des Tertiärs gebildet wurde. Offensichtlich lassen sich diese Mineralisationsvorgänge über so lange Zeiträume — setzen wir voraus, daß die Ergebnisse der Altersbestimmungen prinzipiell richtig sind — nicht pauschal erklären. Sicher werden an den verschiedensten Orten die verschiedensten Ursachen dafür vorliegen. Unabhängig davon müssen wir uns aber damit abfinden, daß in Mitteleuropa nicht nur eine Vererzungsphase, nämlich die varistische, in Erscheinung getreten ist, sondern auch zu anderen Zeiten geologische Vorgänge abliefen, die zu Metallanreicherungen und evtl. damit zur Lagerstättenbildung führten.

Diese Schlußfolgerung ist vor allem für die Lagerstättensuche und Lagerstättenerkundung wichtig. Offensichtlich ist die Eigenschaft einer leichten Mobilisierbarkeit, unabhängig, ob vorher eine Konzentration vorgelegen hat oder nicht, nicht nur auf Pechblende beschränkt, sondern gilt auch für bestimmte andere, ökonomisch wichtige Erzmineralien.

TISCHENDORF

GILLSON, I. L.

Bentonite

Handbuch „Industrial Minerals and Rocks", 3. Aufl., New York 1960, S. 87—91

Verf. beschreibt den Bentonit nach Aufbau und Eigenschaften sowie nach den unterschiedlichen Qualitäten und entsprechenden Verwendungen der einzelnen Arten. Bentonit wurde nach seinem Vorkommen in den Fort-Benton-Gesteinsserien (Wyoming) benannt. Er besteht hauptsächlich aus Montmorillonit (nicht unter 85%) und ist in vielen Abarten in der ganzen Welt verbreitet. Die kompositionelle Struktureinheit stimmt mit der von Glimmer überein, nur daß die Molekularschichten nicht durch Kationen zusammengehalten werden, so daß Wasser und organische Moleküle eindringen und Expansion verursachen können. Von anderen Tontypen unterscheidet sich Bentonit darin, daß im Kristallgitter die Atomschichten viel dünner und besser durch Wasser trennbar sind. Die austauschbaren Kationen (Na oder Ca gegen Mg oder Fe) spielen eine entscheidende Rolle. Der Bentonit von Wyoming ist ein hochquellfähiges und hochkolloidales Material und besonders für Bohrspülungen gegeeignet. Infolge seiner hohen Wasserabsorption können mit Bentonit auch Böden gegen Wassersickerung undurchdringlich gemacht werden. Die meisten Bentonitschichten in den USA und Kanada entstanden während der Kreide aus feiner vulkanischer Asche und wurden in der Folge durch Salzwassermeere und Grundwasser in situ modifiziert. Die in vielen Ländern, so auch in Deutschland, gefundenen Bentonite sind praktisch alle Ca-Bentonite, im Unterschied zu den Na-Bentoniten von Wyoming. Der Rohbentonit enthält 30—42% Wasser, das auf 6—8% reduziert werden muß, um Feinzermahlung zu ermöglichen.

HAVEMANN

PIRSON, S. I.

How to make Geochemical Exploration Succeed

World Oil, vol. 150 (1960) Nr. 5, S. 93—96

Als Grundlage für die geochemische Prospektion auf Erdöl dient die Diffusion von leichten und schweren Kohlenwasserstoffen zur Erdoberfläche. Sowjetische Wissenschaftler haben beobachtet, daß das Gasaufnahmeverfahren in Gebieten mit größeren tektonischen Störungen erfolgreich ist, während die ungestörten Sedimente des kontinentalen Schelfs keine guten Anomalien geben.

Die Genese von geochemischen Anomalien wird an einer Abbildung erläutert.

Auf kombinierte geochemische Untersuchungen über einem Ölfeld, wie

a) Gehalt an leichten Kohlenwasserstoffen des Bodens und der Bodenluft,
b) Diffusionsrate der leichten Kohlenwasserstoffe,
c) Population der kohlenwasserstoffverzehrenden Bakterien,
d) Bestimmung des Redoxpotentials,

wird hingewiesen. Um ein Ölfeld geochemisch abgrenzen zu können, müssen durchgeführt werden:

a) Bestimmungen des Gehalts an schweren Kohlenwasserstoffen und der Bitumina des Bodens,
b) radiometrische Untersuchungen,
c) Untersuchungen über die Mineralisation von Spurenelementen,
d) Studien über die Veränderung von Tonmineralien,
e) Widerstandsmessungen,
f) Bohrzeitstudien.

Die Betrachtungen werden mit einer Diskussion der Erfolgsrate von geochemischen Untersuchungen und der Entwicklung der geochemischen Prospektionsmethodik abgeschlossen.

E. P. Müller

Geophysics

Vol. XXV, Nr. 4, August 1960

Unter dem Titel „Logging issue" wurden neun Aufsätze vor allem amerikanischer Fachleute auf dem Gebiet der Bohrlochmessung zusammengefaßt, die ein ziemlich vollständiges Bild des gegenwärtigen Standes der Entwicklung, Anwendung und Interpretation der elektrischen und kernphysikalischen Bohrlochmessungen in Erdöl- und Erdgasbohrungen der USA geben und gelegentlich auch Einblick in die technischen Probleme gestatten, die moderne Bohrlochmeßverfahren mit sich bringen.

Auf dem Gebiet der Widerstandsmessungen ist praktisch die Abkehr von den „konventionellen" Normal- und Gradientsonden zugunsten solcher Verfahren vollzogen, die sich induzierter bzw. fokussierter Ströme bedienen (Induction Log; Laterolog, Proximity Log). Das gilt nicht nur für klüftige Gesteine mit vorwiegend sekundärer Porosität (Chombart: Log Interpretation in Sandstone Reservoirs; Doll u. a.: Suggestions for Better Electric Log Combinations and Improved Interpretations), sondern auch für Sand- und Schluffsteine (Wyllie: Log Interpretation in Sandstone Reservoirs). Für beide Arten von Gesteinen sind nur noch Bohrlochmeßverfahren von Interesse, die eine rationelle quantitative Auswertung, also die zahlenmäßige Ermittlung der Nutzporosität (auf dem Umweg über den Formationsfaktor oder aus Gamma-Gamma- oder Akustik-Logs) und der Wasser- bzw. Ölsättigung gestatten. Zur Verbesserung der Interpretation und zur richtigen Wahl der Meßverfahren ist die genaue Kenntnis der Physik des Speichergesteins im weitesten Sinne erforderlich. Beschreibungen der primären und sekundären Porenstrukturen, der Vorgänge bei der Spülungsinfiltration in ein ölführendes Gestein, der Kapillaritätseigenschaften (Kapillardruck; Gas-Öl-Wasser-Verteilung in Gesteinen verschiedener Porenstruktur) usw. nehmen daher einen breiten Raum ein.

Die kernphysikalischen Verfahren werden z. Z. technisch noch als ungenügend entwickelt angesehen, so daß ihre exakte Interpretation auf Schwierigkeiten stößt (Mardock: Radioactivity Logging and its Future Potential). Die wichtigsten Schritte zur Weiterentwicklung der bekannten Verfahren sind: Selektive Messung bestimmter Strahlungskomponenten (Spektralbereiche), auch in Form der Gamma- bzw. Neutron-Gamma-Spektroskopie und Zentrierung der Sonde im Bohrloch bzw. Anpressen an die Bohrlochwand, um den Spülungseinfluß auszuschalten oder wenigstens eliminieren zu können. An neuen Verfahren eröffnen die verschiedenen Neutronen-Aktivierungsmethoden ganz neue Perspektiven, z. B. für den direkten Nachweis von O, C, Si, Al und Cl [Vgl. Youmans & Zimmermann (1959). Referat Z. angew. Geol., **6**, S. 354 (1960)].

Das Gamma-Gamma-Log (Pickell & Heacock: Density Logging) ist gegenwärtig das am sichersten quantitativ auswertbare Meßverfahren. Die mit seiner Hilfe ermittelten Dichtewerte gestatten auch die Porositätsbestimmung in porösen Gesteinen, unabhängig von der Infiltrationstiefe und Wassersättigung. Kernphysikalische Verfahren dienen in steigendem Maße zur Lokalisierung von Zementköpfen, Gas-, Öl- und Wasseraustritten in Produktionsbohrungen; auch Temperaturmessungen spielen hierbei noch eine Rolle. Der Zementkopf läßt sich auch mittels des Akustik-Logs nachweisen (Bryant: Production Well Logging Techniques).

Anfänge einer Automatisierung der schon jetzt fast nur noch mit Hilfe von Nomogrammen vorgenommenen Auswertung von Bohrlochmeßkurven lassen zwei Aufsätze erkennen, die Verbesserungen in der Interpretation von Schichtneigungs- und Akustik-Log-Messungen behandeln (Braun & Wheatley: Electric Analog Approach to Dipmeter Computation; Broding & Poole: Collection and Processing of Digitized Acoustic Log Data). Es scheint daher prinzipiell möglich zu sein, daß der Spezialist für Bohrlochmessungen (Johnson: Duties of a Logging Coordinator in an operating Company) in absehbarer Zeit von einem Teil der zeitraubenden Auswertungsarbeit entlastet wird.

K. Lehnert

Amyx, J. W., D. M. Bass, R. L. Whiting

Petroleum Reservoir Engineering — Physical Properties

Mc Graw Hill Book Co., London 1960, 610 S.

Dieser erste Band eines zweibändigen Werkes behandelt die Messung und Berechnung der physikalischen Parameter von Erdöl- und Erdgaslagerstätten und ihre Anwendung für die Vorratsberechnung. In der Einleitung werden die Kohlenwasserstoffe nach chemischen und physikalischen Eigenschaften klassifiziert, die Typen von Erdöllagerstätten behandelt und eine kurze Beschreibung der technischen Einrichtungen zur Erschließung und Ausbeutung von Öl- und Gasvorkommen gegeben.

Im zweiten Kapitel folgt eine ausführliche Beschreibung der grundlegenden physikalischen Eigenschaften flüssigkeitsleitender Gesteine. So werden die verschiedenen Methoden der Kernanalyse zur Bestimmung der Porosität, Permeabilität und Sättigung aufgeführt. Dabei wird besonders auf die Berücksichtigung der Kompressibilität der Gesteine hingewiesen, der zufolge Porosität und Permeabilität in situ (bei Hangenddruck) andere Werte als im Labor annehmen. Die mathematische Ableitung der Permeabilität aus Kapillarmodellen des Gesteins und die totale Permeabilität zusammengesetzter Gesteinszonen, die im einzelnen verschieden durchlässig sind, werden dargestellt.

Erwähnt wird auch das Problem der Diskrepanz zwischen experimentell bestimmter Sättigung an Gesteinskernen und der Sättigung in der Lagerstätte. Die Verwendung ölbasischer Spülungen verfälscht die Wassersättigung nach amerikanischen Erfahrungen am wenigsten. Sehr anschaulich legen die Verfasser die Theorie des Formationsfaktors und des „resistivity index" für flüssigkeitsgesättigte Gesteine dar.

Das dritte Kapitel behandelt Kapillardruck und Oberflächenkräfte im Gestein, die Bestimmung dieser Größen und ihre Beziehung zur Permeabilität.

Beachtung findet besonders die Anwendung des Kapillardruckes zur Ermittlung der Phasenverteilung in der Lagerstätte, wobei auch die Notwendigkeit der Korrelation verschiedener Parameter hervorgehoben wird. Die Abhandlung der Theorie, der Messung und Anwendung der relativen Permeabilität der Gesteine, die mehrere Phasen enthalten, beschließt das Kapitel.

Das 4. und 5. Kapitel umfassen die Phasenzustände der Kohlenwasserstoffsysteme und die experimentelle Bestimmung solcher Zustandsgrößen wie GÖV, Volumenfaktor, PVT-Daten, Dichte usw. mittels Probenanalyse. Die retrograde Kondensation und Verdampfung binärer Systeme und komplizierterer Gemische, die bei Kondensatlagerstätten eine Rolle spielen, sind ausführlich dargestellt. Im 6. Kapitel sind die physikalischen und chemischen Eigenschaften der Lagerstättenwässer behandelt. Das 7. Kapitel enthält Förder- und Druckteste, besonders hinsichtlich der Auswertung ihrer Ergebnisse für Lagerstättenberechnungen, die statistische Bearbeitung der Kernanalysenergebnisse und darauf aufbauend die Vorratsberechnung nach der Volumenmethode. Das letzte Kapitel ist speziell der Vorratsberechnung gewidmet. Es enthält aber nur die Methode der Materialbilanzen einschließlich der Druckabfallmethode für Gaslagerstätten als Sonderfall.

Das Buch enthält viele Abbildungen, Tabellen und Diagramme von praktischem Wert und ein umfangreiches Literaturverzeichnis der einschlägigen amerikanischen Literatur. Die Verfasser berichten über die Ergebnisse amerikanischer Arbeiten in den vergangenen Jahren, bringen aber keine wesentlichen Fortschritte gegenüber früheren zusammenfassenden Publikationen (Pirson, Muskat). Dennoch ist das Werk ein ausgezeichnetes Lehr- und Nachschlagebuch.

H. Saupe

DACHNOW, V. N.

Bohrlochgeophysik. Methoden der Bohrlochgeophysik, Apparaturen und Ausrüstung, elektrische Bohrlochmeßmethoden

Gostoptechisdat, Moskau 1959, 692 S., 370 Abb., 29 Tab., Rubel 24,—

Das Werk ist als Lehrbuch für Studenten der Bohrlochgeophysik und gleichzeitig als Handbuch für den im Feldbetrieb tätigen Ingenieur und Geophysiker gedacht. Wie aus dem Untertitel hervorgeht, ist der Inhalt in zwei Teile gegliedert. Im fünf Kapitel umfassenden ersten Teil sind zunächst die gebräuchlichen Bohrlochmeßverfahren dargestellt, daran schließt sich die Behandlung der bekanntesten Bohrlochmeßapparaturen und Ausrüstungen, wobei die sowjetischen Geräte naturgemäß im Vordergrund stehen, während einige Apparaturen amerikanischer und ungarischer Firmen weniger ausführlich behandelt werden. Im zweiten Teil werden in sehr ausführlicher Form die theoretische und die praktische Seite der elektrischen Bohrlochmeßmethoden — worunter die verschiedenen Formen von Widerstands- und Eigenpotentialmessungen verstanden werden — behandelt. Nach drei Kapiteln über den spezifischen Widerstand von Gesteinen, die Theorie der Widerstandssonden und den scheinbaren spezifischen Widerstand werden in acht weiteren Kapiteln die induktive Widerstandsmessung, die Eigenpotentialmethoden, das Verfahren der induzierten Polarisation und eine Anzahl spezieller Formen elektrischer Bohrlochmessungen geschildert und technische Einzelheiten der Meßverfahren mitgeteilt.

Die Behandlung der übrigen Bohrlochmeßverfahren, insbesondere also der kernphysikalischen Methoden und der Verfahren zur Untersuchung des technischen Zustandes einer Bohrung, bleiben einem in Vorbereitung befindlichen zweiten Band des Lehrbuches vorbehalten. Nach Vorliegen dieses zweiten Bandes wird das Gesamtwerk an Ausführlichkeit nicht seinesgleichen haben. K. LEHNERT

SCANLEY, C. S.

Fluid Loss Controlled by Acrylic Polymers as Drilling Mud Additives

World Oil, vol. 149 (1959), Nr. 1, S. 122—128

Die synthetischen wasserlöslichen Acrylpolymere werden etwa seit 8 Jahren in den USA als Schutzkolloide für Tiefbohrspülungen angewandt. Sie wirken viskositätsverändernd und senken die Wasserabgabe. Außerdem werden sie weniger als Stärke- oder Zelluloseprodukte abgebaut.

In dem Artikel werden die Geschichte ihrer Entwicklung, ihr Chemismus und ihre Darstellung sowie die polymeren Eigenschaften und ihre Wechselwirkung mit Tonen erläutert.

Das Verhalten von verschiedenen Typen der Acrylpolymere an einigen Spülungsbeispielen wie Rote Spülung u. a. wird untersucht. E. P. MÜLLER

Taschenbuch der Wasserwirtschaft

2. Aufl., hrsg. von H. PRESS, Verlag Wasser und Boden, Hamburg 1960, 800 S., 650 Abb. — DM 29,50

Gegenüber der 1. Aufl. von 1958 ist das Taschenbuch erweitert u. a. durch einen Beitrag von K. HÜNERBERG über „Der Schutz des Wassers vor radioaktiven Verunreinigungen und ihre Beseitigung".

Unsere Leser dürften vor allem folgende Beiträge interessieren: A. WECHMANN: „Eigenschaften des Wassers" und „Gelände und Boden"; F. HUNGER: „Vermessung und Karte"; H. PRESS: „Wassermengenwirtschaft"; M. H. OLBERTZ & H. PRESS: „Landwirtschaftlicher Wasserbau"; E. GERLACH: „Siedlungswasserwirtschaft, Wasserversorgung"; E. NEHRING: „Wassergerätewirtschaft"; G. ALLINGER: „Der Schutz des Bodens gegen Einwirkung des Wassers"; G. GRODAU: „Maschinen und Geräte für Erd-, Wasser- und Kulturbauarbeiten".

Schon diese Auswahl zeigt, daß das Taschenbuch mehr als ein reines Nachschlagewerk ist. Es gibt eine erschöpfende, auf die Praxis gerichtete Übersicht über die gesamte Wasserwirtschaft, wobei ein gutes Bildmaterial und Literaturzusammenstellungen den Leser weitgehend unterstützen. Unseren Hydro-, Ingenieur- und Bodengeologen sei ein eingehendes Studium des Taschenbuches ganz besonders empfohlen. E.

Neuerscheinungen und Literaturhinweise

Autorenkollektiv
Tektonische Entwicklung der Tschechoslowakei
Verlag der Tschechoslowakischen Akademie der Wissenschaften, Praha 1960. — 226 S., 20 Abb.

SCHMIDT, K. & H. SCHWAN
Tektonische Untersuchungen in der Nordost-Randzone der Zentralbalkan-Decke
Abhandlungen zur Geotektonik, Nr. 19, Akademie-Verlag, Berlin 1960. — 14,— DM

SCHLAUDERER, H. & F. SCHÖNERSTEDT
Zur Anwendung der makropetrographischen Steinkohlen-Flözschnitte in der Praxis
Bergakademie, Jg. 12 (1960), S. 491—494

RILEY, CH.
Our mineral resources. An elementary textbook in economic geology
Chapman & Hall, London 1959. — 338 S.

DERLIPANSKI, D.
Der Blei-Zinkerzbergbau in der Volksrepublik Bulgarien
Bergakademie, Jg. 12 (1960), S. 477—483

KATTSCHENKOW, S. M.
Seltene Elemente in Sedimentgesteinen und Erdölen
Gostoptechisdat, Leningrad 1959. — 271 S.

LÖFFLER, J.
Die Carnallitgesteine des Raumes Aschersleben—Schierstedt
Freib. Forsch.-H., C 87, Akademie-Verlag, Berlin 1960. — 6,— DM

LEVA, M.
Fluidization
McGraw-Hill Book Co., New York—Toronto—London 1959. — 327 S., 175 Abb., 22 Tab.

KLENGEL, K.-J.
Beiträge zur Kenntnis des bodenphysikalischen Verhaltens pleistozäner Lockergesteine unter Berücksichtigung der Bedeutung für die geologische und ingenieurgeologische Praxis
Bergakademie, Jg. 12 (1960), S. 504—506

Nachrichten und Informationen

Mineralische Rohstoffe Bulgariens

Im Informationsbulletin der Volksrepublik Bulgarien, H. 1/1960, berichtet A. DELTSCHEW, der Chefgeologe der Verwaltung „Geologische Forschung", über die Rohstoffbasis der bulgarischen Schwerindustrie. Die industriellen Vorräte an Lignit betragen 4 Mrd. t, an Braunkohle 300 Mill. t, an Kokskohle 43 Mill. t und an Anthrazit 7 Mill. t. Die Kohlenbasis zur Erreichung einer Förderung von über 52 Mill. t im Jahre 1970 ist also gegeben. Vor allem soll die Lignitförderung gesteigert werden, wobei 90% des Lignites im Tagebau gewonnen werden können. Schwerpunkt wird das östlich der Mariza liegende Lignitbecken werden. Dort wird der Industriekomplex „Mariza-Ost" außer drei Großtagebauen eine Brikettfabrik mit 8 Mill. t Jahresdurchsatz, ein Stickstoffdüngerwerk und mehrere Wärmekraftwerke umfassen. Auch westlich der Mariza wird im Bezirk Sofia die Lignitförderung gesteigert werden.

Die Eisenerzvorräte betragen etwa 300 Mill. t. Das Vorkommen von Kremikowzi, 16 km von Sofia entfernt, umfaßt eine Fläche von 1,3 km². Es treten dort drei Erztypen auf: Siderit und Hämatit, die beide hydrothermale Bildungen sind, sowie aus ihrer Oxydation hervorgegangener Limonit. Das Erz enthält 30,7% Fe, 6,7% Mn, 0,55% Pb, 0,12% Cu, 17,3% Baryt. Die 248 Mill. t Vorräte setzen sich aus 31 Mill. t Hämatit, 53 Mill. t Siderit und 164 Mill. t Limonit zusammen. Außerdem enthält die Lagerstätte 28 Mill. t Schwerspat. Im Tagebau werden rd. 5 Mill. jato Erz, die durch eine moderne Aufbereitung verarbeitet werden, gefördert. Mit der Grube sind eine Kokerei zur Herstellung von 700000 jato Koks und ein Eisen- und Stahlwerk (ca. 1,3 Mill. jato Stahl) verbunden.

Manganerze wurden in oligozänen Ablagerungen im Bezirk Warna untersucht. Die Vorräte betragen 10 Mill. t mit 10—25% Mn.

Reiche Blei- und Zinkerzlagerstätten wurden in den Rhodopen erkundet. Die Vorräte an Blei-Zink-Erzen betragen über 100 Mill. t. Damit steht Bulgarien auf dem Blei-Zink-Sektor an einer der vordersten Stellen in Europa. 1962 sollen 45000 t Blei und 1965 rd. 90000 t Blei und 50000 t Zink produziert werden.

Die Vorräte an Kupfererzen erreichten Ende 1959 über 100 Mill. t (1949 nur 250000 t).

Auf der Lagerstätte Medet soll eines der größten Kupferbergwerke der Welt entstehen. Für 1965 wird eine Erzeugung von 25000 t Elektrolytkupfer angestrebt. Zum Schluß seines Beitrages konnte DELTSCHEW feststellen:

„Die Erfolge der geologischen Forschungsarbeiten haben sehr viel zum allgemeinen wirtschaftlichen Fortschritt Bulgariens beigetragen." E.

Mineralische Rohstoffbasis Nigerias

Nach über 20jährigen Sucharbeiten zeitigte die Erdölsuche in Nigeria große Erfolge. 1958 wurden 257000 t, 1959 bereits 559000 t Rohöl gefördert. Für 1960 rechnet man mit einer Produktion von etwa 1,5 Mill. t; für 1965 ist eine Förderung von 4,5 Mill. t Rohöl geplant.

Von den Feldern Oloibiri, Afam und Bomu laufen Rohrleitungen zum Hafen Port Harcourt. In Bonny wird ein neuer Ölverschiffungshafen gebaut. Im westlichen Teil des Nigerdeltas wurden 1960 bei Isoko und Datani neue Vorkommen erfolgreich erkundet.

800000 t Kohle werden aus den drei Gruben Obwetti, Iva und Hayes, unweit der Hauptstadt der Ostregion Enugu, gefördert. Die Kohle wird von den Kraftwerken in Enugu und Lagos sowie von Eisenbahn und Dampfschiffahrt verfeuert.

Zinnerzlagerstätten treten im Bautschi-Hochland bei Jos auf. 1959 wurden 7000 t, gegen 10000 t Kassiteritkonzentrat 1958 gewonnen. In der gleichen Gegend wurden 1959 1274 t Columbitkonzentrate gegenüber 1051 t im Jahr 1958 gefördert. Nigeria verfügt über 80—90% der bisher bekannten Columbitvorräte der westlichen Welt. Eine Zinnhütte befindet sich bei Jos im Bau.

Die Kapazität der Zementfabrik in Nkalagu bei Enugu soll bis Ende 1960 auf 240000 jato verdoppelt werden. In Ewekoro bei Abeokuta ist ein modernes Zementwerk im Bau, dessen Anfangskapazität bei 200000 jato liegen wird.

Die nigerische Regierung hat dem Bau von 2 Staudämmen zugestimmt. Im ersten Abschnitt soll ein Damm bei Kurwasa (Nordregion) zur Aufstauung des Niger errichtet werden.

Der zweite Staudamm wird bei Shiroro am Kaduna, einem Nebenfluß des Niger, entstehen. Beide Anlagen ergänzen sich, da die Flüsse zu verschiedenen Zeiten Hochwasser führen. E.

Erdgas

Ausdehnung des Erdgasverbrauches in Westdeutschland

Im Raum Weser—Ems liegen beträchtliche Neuaufschlüsse vor. Es wird daher erwogen, den Raum Osnabrück—Minden—Bielefeld mit Erdgas zu versorgen. Die Ruhrgas AG baut eine Fernleitung, die 720 Mill. m³ Erdgas aus Emlichheim transportieren soll. Es wird daran gedacht, den Hochöfen im Ruhrgebiet Erdgas zuzuführen. Das Erdgasfeld Pfungstadt—Stockstadt beliefert ausschließlich die Farbwerke Höchst mit reinem Methan als petrochemischem Grundstoff. Das Erdgas des Feldes Frankenthal wird in der BASF Ludwigshafen einen Teil der bisher verwendeten Kohle und des Kokses bei der Synthesegasproduktion ersetzen. In Dorsten wird die Kohlendruckvergasungsanlage nicht vergrößert. Statt dessen wird eine Erdgasspaltanlage gebaut, die den Heizwert des Methans auf den von Stadtgas herabsetzt. Bisher werden über die Druckvergasung Dorsten pro Tag maximal etwa 360000—400000 m³ Erdgas in das Ruhrgasversorgungsnetz geschleust. Durch eine 98 km lange, 31 cm Durchmesser betragende Leitung von Frenswegen nach Dorsten sollen ab März 1961 bei 40 atü Leitungsdruck etwa weitere 2 Mill. m³ Methan pro Tag ins Ruhrgebiet geschleust werden. Im Bunawerk Hüls, das zwei Jahrzehnte auf Erdgasbasis gearbeitet hat, ist man dazu übergegangen, mehr Raffinerie- und Flüssiggase als Grundstoff zu verwenden. E.

Erdgaskraftwerk Landesbergen

Das in Landesbergen projektierte erste deutsche Erdgaskraftwerk wird aus Feldern bei Diepholz gespeist. Es wird ab Ende 1962 mit 2 Turbinen von je 150000 kW Leistung fahren und jährlich 1,8 Mrd. kWh erzeugen können, wozu 600 Mill. m³ Erdgas benötigt werden. Später soll die Leistung auf 600000 bis 800000 kW gesteigert werden. Die täglich benötigte Menge von ca. 1 Mill. m³ Kühlwasser wird dem Werk aus der Weser durch einen 6 km langen Kanal zugeleitet. Das zurückfließende erwärmte Wasser erlaubt die Anlage eines eisfreien Hafens bei Landesbergen. Das Gas wird von der Lagerstätte über eine 50 km lange Leitung mit eigenem Druck dem Kraftwerk zugeführt, das nicht nur mit Erdgas, sondern im Bedarfsfall auch mit Öl oder Kohle gefahren werden kann. E.

Aus dem Geschäftsbericht der Standard Oil Co. (New Jersey)

Folgende Feststellung aus dem Geschäftsbericht der Standard Oil Company (N. J.) scheint uns besonders bemerkenswert, weil es immer noch Meinungen gibt, Erdgas stelle gegenüber Erdöl nur einen minderwertigen Rohstoff dar: „In den USA übertreffen die Erdgasvorräte der Gesellschaft, nach dem Energieäquivalent berechnet, bereits die Rohölvorräte. Der Absatz von Erdgas erhöhte sich allein in den USA um 16% auf 43,2 Mill. m³/d, in Kanada um 27% auf 2,75 Mill. m³/d."

Über die Forschungstätigkeit wird mitgeteilt: „Die Forschungsabteilung begann ihre Tätigkeit 1919 mit 26 Angestellten, 1959 waren 3970 Personen beschäftigt. Die Aufwendungen für Forschungszwecke beliefen sich auf 67,2 Mill. $, also auf mehr als 10% des Reingewinns." E.

Kohle

Rekultivierung westdeutscher Braunkohlenkippen

Der westdeutsche Braunkohlenbergbau wird in absehbarer Zeit etwa 20000 ha landwirtschaftlich genutzte Fläche verbrauchen. Um den Löß des Deckgebirges zu erhalten, transportiert man im Kreis Düren den abgebaggerten Löß, im Verhältnis 1 : 2 mit Wasser vermischt, durch eine Spülleitung auf Polder, in denen der angespülte Boden in kürzester Zeit wieder landwirtschaftlich genutzt werden kann. Der Transport erfolgt unter 4 Atmosphären Druck. Während man früher bei der Rekultivierung pro ha 24000 DM aufwenden mußte, kommt man nach Einführung der Spülleitung mit etwa 14000 DM aus. Als notwendige Höhe des Lößbodens auf dem rekultivierten Gelände schlug Prof. MÜCKENHAUSEN (Universität Bonn) 1,20 m vor. Die nicht benötigten Lößüberschüsse — der gesamte Lößvorrat der zukünftigen Braunkohlentagebaue in den Landkreisen Köln, Bergheim, Euskirchen und Düren beträgt etwa 600 Mill. m³ — sollen zur Verbesserung minderwertiger Böden in der Nachbarschaft der Gruben ausgewertet werden. Pro Jahr will man 300 ha Fläche auf diese Weise rekultivieren. Seit Beginn der Braunkohlenförderung in den 4 erwähnten Kreisen wurden 8000 ha Land vom Bergbau beansprucht, davon sind 2000 ha für forstliche und 1000 ha für landwirtschaftliche Zwecke rekultiviert worden. E.

Neues Kohlenrevier in Indien

Sowjetische Ingenieure haben der indischen Regierung ein Projekt für die Erschließung eines neuen Kohlenrevieres in Korba vorgelegt. Laut Projekt sollen in diesem Revier jährlich 4 Mill. t Kohle gefördert werden. Im Kernteil der Lagerstätte ist die Anlage eines Tagesbaues mit einer Jahresleistung von 2 Mill. t vorgesehen. Außerdem wird der Bau von 2 Tiefbaugruben und einer Aufbereitung vorgeschlagen. E.

Erze

Die Eisenerze von Staffhorst

Einem Bericht der Barbara Erzbergbau AG, Düsseldorf, ist über die Erze von Staffhorst folgendes zu entnehmen: Die großen Mengen bauwürdiger Erzvorräte lagern zwischen 900 und 1400 m Teufe. Sie enthalten ca. 38% Fe, 7,0% SiO_2 und 0,7% P. Der Glühverlust ist hoch, und schädliche Bestandteile sind im Erz nicht enthalten. Noch im laufenden Jahr soll mit dem Abteufen des Versuchsschachtes bis zu 1100 m Teufe begonnen werden. Die Förderung der ersten Erzmengen für Verhüttungszwecke wird in etwa vier Jahren zu erwarten sein. E.

Manganerze von Nikopol

In dem kürzlich erkundeten östlichen Feld des Manganerzbeckens von Nikopol in der Ukraine fördern bereits zwei Gruben. Drei weitere sowie ein Tagebau und eine Aufbereitungsanlage sind im Bau. Bis 1965 sollen zwölf Gruben, zwei Tagebaue und zwei Aufbereitungen in Betrieb stehen, da der Mn-Gehalt in den Erzen des neuen Feldes den der alten Abbaufelder übertrifft. E.

Griechische Nickelproduktion

Die Krupp AG, Essen, wird auf der Insel Euböa nach einem von dem griechischen Prof. MOUSSOULOS entwickelten Verfahren jährlich rd. 90000 t Rohstahl und bis zu 4500 t Ferronickel produzieren. Das neue Verfahren soll es ermöglichen, aus geringhaltigem Nickeleisenerz hochwertiges Ferronickel zu gewinnen. Aus der anfallenden Schlacke gewinnt man Roheisen und Rohstahl. Mit der Aufnahme der Produktion rechnet man für Ende 1961 bzw. Anfang 1962. E.

Neue Phosphatlagerstätte in Algerien

Unweit der tunesischen Grenze wurde eine reiche Phosphatlagerstätte beim Djebel Onk erkundet. Die sicheren Vorräte werden mit 200 Mill. t, die möglichen mit 1 Mrd. t angegeben. Das Rohphosphat hat einen Gehalt von 57% Tricalziumphosphat, der in der Aufbereitung auf 75% angereichert werden soll. Ende 1962 soll die Produktion anlaufen. Es ist zunächst daran gedacht, 800000 jato auszuführen. E.

Technik

Moderner Bohrturmtransport

Die geologische Verwaltung Turkmeniens hat mehrere demobilisierte Panzer für den Transport von Bohranlagen bei geologischen Erkundungsarbeiten eingesetzt. Werkstätten stellen zu den Panzern Anhängetieflader her, die zum Transport vollständiger Bohraggregate bis zu einem Gewicht von 50 t geeignet sind. Die Panzer sind vor allem in Wüsten ein zuverlässiges und schnelles Verkehrsmittel. Sie fahren bis zu 22 km/h durch wegelosen Sand. E.

Saugspülbohrgerät

Im Leipziger VEB Montan wurde ein neues Saugspülbohrgerät „S 100" entwickelt, das hauptsächlich bei der Entwässerung von Braunkohlentagebauen eingesetzt werden soll. Die Teufenkapazität des Gerätes liegt bei etwa 100 m. Es ist gleichartigen westdeutschen Geräten infolge seines geringen Bohrdurchmessers überlegen. Die neue Konstruktion wird seit zwei Jahren erfolgreich ausprobiert. E.

Verwendung von Rennluppen

In der „Wirtschaft" Nr. 38 vom 22. 9. 1960 setzt sich K. F. LÜDEMANN dafür ein, daß durch neue technische Verfahren mehr Rennluppen als bisher zur Stahlherstellung verwendet werden sollen. Die gegenwärtig aus einheimischen Erzen hergestellten Luppen enthalten im Durchschnitt 0,60% C, 0,45% Si, 0,05% Mn, 1,20%P, 1,85% S, 92% Fe. Durch einen neuen, im Eisenhütteninstitut der Bergakademie Freiberg ausgearbeiteten Verfahrensweg gelang es, die P-Gehalte auf 0,25 und die S-Gehalte auf 0,5% und darunter zu erniedrigen. Bisher konnten die Luppen nur als Möllerbestandteil für Thomasroheisen weiterverarbeitet werden. Demgegenüber kommt einer stärkeren Auswertung einheimischer Erze mit 20—30% Fe und etwa 40% SiO_2 und der unmittelbaren Verarbeitung aus ihnen hergestellter Rennluppen zu Stahl unter Umgehung des Hochofens eine erhebliche volkswirtschaftliche Bedeutung zu, die sich in dem Maße steigern wird, wie durch Fortschritte in der geologischen Erkundung weitere Vorräte an eisenarmen und kieselsäurereichen Erzen zur Verfügung gestellt werden können. E.

Sonstiges

Energieprobleme

In der „Wirtschaft" Nr. 26 vom 30. 6. 60, S. 14, beschäftigt sich L. KRUSS mit den Energieproblemen beider Weltlager. Nach Unterlagen der Vereinten Nationen nahm in den letzten 30 Jahren bei einem Wachstum der gesamten Primärenergieerzeugung um 113% die Kohlenförderung nur um 42% zu, die Erdölförderung dagegen um 337%, die Erzeugung von Wasserkraftstrom um 436% und die Gewinnung von Erdgas um 567%.

In Mill. t SKE zeigt dies Tab. 1.

Tabelle 1

Weltproduktion an Primärenergie (in Mill. Tonnen SKE[1])

	1929	1937	1951	1958
Kohle	1412	1404	1651	2008
Erdöl	276	381	806	1205
Erdgas	76	104	304	507
Wasserkraft	14	22	47	75
Zusammen	1778	1911	2808	3795

[1]) Umrechnungsfaktoren:

1 t Steinkohle	= 1 t SKE
1 t Braunkohle (je nach Heizwert)	= 0,67—0,3 t SKE
1 t Erdöl	= 1,3 t SKE
1000 m^3 Erdgas	= 1,33 t SKE
1000 kWh Wasserkraftstrom	= 0,4 t SKE

In Prozenten ergab sich folgende Entwicklung für die letzten 30 Jahre:

Tabelle 2

	1929	1937	1951	1958
Kohle	80	74	59	53
Erdöl	15	20	28	32
Erdgas	4	5	11	13
Wasserkraft	1	1	2	2
Zusammen	100	100	100	100

E.

Größtes Wärmekraftwerk der UdSSR

Gegenwärtig wird in der UdSSR das größte Wärmekraftwerk der Welt projektiert. Es wird Turbogeneratoren von 300000 und 600000 kW erhalten. Der erste Bauabschnitt mit 1,2 Mill. kW soll 1965 fertiggestellt sein. Für die Erzeugung von 1 kWh werden nur 300 g SKE erforderlich sein. Als Energierohstoff für die Grundlast wird vorwiegend Erdgas verwendet, für die Spitzen sollen zusätzlich auch Destillationsrückstände (Masut) verheizt werden. E.

Tagungen

Geologische Tagungen in der Mongolischen Volksrepublik

Nach „Monzame" (Bulletin der Mongolischen Volksrepublik) fand vom 2.—4. 12. 1959 in Ulan Bator eine geologische Tagung statt, an der auch sowjetische Spezialisten teilnahmen. Der Chefgeologe der Verwaltung für geologische Erkundungen beim Ministerrat der MVR, LUWSANDANSAN, gab einen umfassenden Bericht über die Kartierungs-, Such- und Erkundungs- sowie die ingenieurgeologischen Arbeiten. Insgesamt wurde eine Fläche von 75000 km², vor allem im Westen und Zentrum der Volksrepublik, näher untersucht. Es wurden dabei Lagerstätten von Nickel- und Kobalterzen, Asbest, Chromit, Gold, Flußspat und anderen Rohstoffen gefunden. Für das Goldgebiet Hentoja wurde eine Spezialkarte der Seifenlagerstätten an der Tuguntaja und der Katanze hergestellt. Im Becken von Scharingol wurden 250 Mill. t Kohle neu erkundet.

Am 11. 4. 1960 fand gleichfalls in Ulan Bator eine Tagung der Leiter der geologischen Expeditionen statt. Es wurde über eine ganze Reihe neuer Lagerstätten von Zinn-, Blei-, Antimon-, Zink-, Silber- und Goldlagerstätten berichtet. Erdölvorkommen wurden im Becken von Tamsag (Tschoibalsan Aimak) in Suun-Bain und Zagaan Elsen (Südgobi-Aimak) nachgewiesen.

Auf der Basis von Kohle, Erdöl, Spaten, Wolframerzen und Eisenerzen sowie anderen Arten von mineralischen Rohstoffen befindet sich die Bergbauindustrie in steigender Entwicklung. E.

Industriemesse Hannover 1960

(Angebot an Ausrüstungen für geophysikalische Arbeiten)

Erwartungsgemäß war das Angebot geophysikalischer Geräte gering, da die führenden westdeutschen Firmen praktisch nur für den Eigenbedarf produzieren und die Auslandsbeteiligung auf diesem Sektor fast fehlte.

Die Askania-Werke, Berlin-Mariendorf, zeigten u. a. die bereits bekannten magnetischen Meßgeräte; auf dem Gebiete der barometrischen Höhenmessung und für gravimetrische Zwecke lag keine Weiterentwicklung vor. Spindler & Hoyer, Göttingen, boten Stationsseismographen für Nah- und Fernbeben an, Hottinger Meßtechnik, Darmstadt, Erschütterungsmesser nach BAULE für drei Komponenten.

Das Commissariat à l'Energie Atomique, Paris, zeigte neben einem handlichen Zählrohrgerät in Modelldarstellungen, Karten und Prospekten Arbeiten auf dem Gebiete der Prospektion, Gewinnung und Aufbereitung radioaktiver Erze. In besonders eindrucksvoller Weise wurde ein Atomkraftwerk im Modell gezeigt, daneben noch Sortiergeräte für radioaktive Erze. Die Firma Leybold, Köln, führte einen vollautomatischen radioaktiven Probenprüfer mit Szintillometer zur K_2O-Bestimmung mit anschließendem Meßwertdrucker vor.

Gasanalysengeräte zur CO_2-Bestimmung waren bei Hartmann & Braun, Frankfurt (Main), und Maihak, Hamburg, vertreten. Während Caldos 6 (Hartmann & Braun) nach Angaben der technischen Berater nur für grobe industrielle Zwecke eingesetzt werden kann (Rauchgasüberwachung, Genauigkeit etwa 5% des CO_2-Anteiles), liefert Maihak einen Mono-CO_2-Indikator, der mit einer Genauigkeit von 0,5% eine schnelle Messung nach dem Absorptionsverfahren gestattet.

Für Schußbohrungen bot die Celler Maschinenfabrik Gebr. Schäfer ihre bekannten und bewährten Drehbohrgeräte DB 110 und 112—114 an, die zum Teil auch mit Druckluft arbeiten können. Für spezielle Zwecke liefert die Deutsche Atlas Copco, Essen, ein Preßluftbohrgerät für 50 m Teufe, das bereits für geophysikalische Arbeiten eingesetzt ist. Daneben steht ein tragbares Bohrgerät (24 kg) mit Otto-Motor für Flachbohrungen zur Verfügung. Weiterhin wurden mehrere Bohrgeräte angeboten, die für seismische Zwecke nicht brauchbar sind; so die Salzgitteranlage SG 750, die elektrisch betrieben wird, und mehrere Brunnenbohrgeräte.

Im Mittelpunkt der Messe stand die Automatisierung und Kleinmechanisierung, besonders gut bei Straßenbau- und Transportmaschinen zu beobachten.

H. RISCHE

101. Versammlung der Gesellschaft Deutscher Naturforscher und Ärzte in Hannover Ende Sptember 1960

Auf der Tagung wurden eine Reihe von Vorträgen zum Thema „Naturhaushalt und die junge Entwicklung der Erde" gehalten.

SEIBOLD (Kiel) befaßte sich mit der Zusammensetzung der Ozeanböden und teilte Ergebnisse über die Untersuchung submariner Kerne von 30 und mehr m Länge mit. Dort, wo sich die Sedimentation der Tiefseeböden störungslos vollziehen kann, beträgt der Sedimentzuwachs zwischen $^1/_2$ bis $2^1/_2$ cm im Jahrtausend. Dabei sind die abgelagerten Schichten nicht homogen, sie sind erheblichen Schwankungen unterworfen. Am Meeresboden finden Strömungen bis zu 1 m in 3 sec statt, so daß stellenweise Erosionserscheinungen auftreten. Etwa 10% des Meeresgrundes sind mit Manganknollen bedeckt, die in einem Jahrtausend um 1 cm wachsen und sich dort finden, wo infolge der Strömungen zur Zeit keine Sedimentation stattfindet. An vielen Stellen der Tiefsee, z. B. in 8400 m Tiefe im „Puertorico-Graben", trifft man auf Reste von Flachwasserkalkalgen und Mikroorganismen, die nur in Flachseegebieten gelebt haben können. An den Hängen submariner Gebirge oder des Kontinentalschelfes gleiten Schlammlawinen mit Geschwindigkeiten bis zu 90 km in der Stunde herab und tragen so Flachseeablagerungen bis in küstenferne Gebiete. Mit Hilfe des Isotops C 14 konnte man das Alter der Sedimente für die letzten 40000—70000 Jahre bestimmen. Thorium 230 gestattet eine Altersbestimmung der Sedimente bis zu 300000 Jahren. Es wurde vorgeschlagen, zu versuchen, das absolute Alter tertiärer Ablagerungen mit Hilfe von Beryllium 10 festzustellen.

HOINKES (Innsbruck) betonte, daß die Eismassen der Antarktis bedeutend mächtiger seien, als man bisher angenommen habe. Mehr als $^9/_{10}$ aller Eismassen der Erde sind dort konzentriert, nämlich ca. 26—30 Mill. km³. Der jährliche Zuwachs beträgt 1000—1300 km³. Zur letzten Eiszeit war die Eiskappe der Antarktis noch um etwa 300 m mächtiger als jetzt, wo sie im Durchschnitt 2000 m mächtig ist, bei einer maximalen Mächtigkeit von ca. 4000 m. Die Arktis ist nur mit etwa 8% des Welteises bedeckt. Der Anfang der Bildung des antarktischen Inlandeises dürfte bereits im Jungtertiär liegen.

BÜDEL (Würzburg) korrigierte irrige Vorstellungen über die Entstehung der mitteleuropäischen Flußlandschaften. Ihre heutige Oberflächenform sei, ebenso wie dies in den tropischen Gebieten Amerikas und Afrikas der Fall ist, durch die Klimazonen bedingt. Sie seien nicht durch die Erosion der heutigen Flüsse gebildet worden, vielmehr verdankten sie ihre Entstehung den Schmelzwasserfluten der Eiszeiten. E.

Kurznachrichten

20 km östlich von **München** wurde die Sonde Anzing 1 im Lithothamnien-Kalk von 2355—2384 m Teufe **gasfündig**.

Aus dem Feld Thönse werden 20 Mill. m³ **Erdgas**, das bisher in der Raffinerie Misburg für Heizzwecke Verwendung fand, den **Stadtwerken Hannover** zugeführt.

In Syria bei **Baku** produziert die tiefste Fördersonde der UdSSR aus 4895 m Teufe in 24 Stunden 400000 m³ **Gas** und 100 t **Kondensat**.

Täglich werden 16,5 Mill. m³ **Methan** aus Alberta(**Kanada**) nach den USA exportiert.

Die Grube Jakowlew (**Kursker Anomalie**) fördert **Erz** mit 61% Fe, 5% SiO_2, 0,1% S und 0,2% P.

21% = 682000 t des **Eisenerz**exports von **Brasilien** wurden im Jahre 1959 nach der ČSSR, VR Polen und VR Ungarn exportiert.

Bei Sierra Grande (**Argentinien**) wurden 24 Mill. t **Eisenerze** mit 59% Fe und 1,3% P sicher nachgewiesen. Dazu kommen 57% Mill. t wahrscheinliche Vorräte. 6—7 Mill. t können im Tagebau gewonnen werden.

Der Haupterzkörper der **mauretanischen Kupfererzlagerstätte** Guelb Mogrhein besteht aus sulfidischem Erz, das von oxydischem Erz überlagert wird. Die Vorräte an Sulfiderz wurden bisher auf 18,5 Mill. t mit 1,5% Cu und an Oxyderz auf 9,5 Mill. t mit 2,5% Cu berechnet.

Bei Khetri im **indischen** Staat Rajasthan wurde eine **Kupfererzlagerstätte** mit 29 Mill. t sicheren Vorräten und Gehalten von 0,8—2,5% Cu entdeckt.

In **Bulgarien** wird westlich von Küstendil im Flußgebiet der Bistritza ein neues **Blei-Zinkerzkombinat** gebaut, das nach der ersten Ausbaustufe etwa $^1/_2$ und nach Vollendung 1 Mill. t Erz pro Jahr aufbereiten wird.

Die Vorräte sämtlicher bisher untersuchter **Uranlagerstätten Westdeutschlands** wurden auf 300—400 t Uranoxyd berechnet.

In Paskow, im **tschechoslowakischen** Revier von Ostrawa, wurde mit der Abteufung des ersten von sechs projektierten Kohlenschächten, die einige 100 Mill. t **Kokskohle** aufschließen sollen, begonnen.

Zwischen den Regierungen von Äthiopien und Jugoslawien wurde ein Vertrag über den Bau eines **Wasserwerkes** im Zentrum des Goldbergbaus von **Adola** abgeschlossen.

Von den 77 **Gletschern** der **Schweiz** haben 67 in den letzten Jahren ihren Rückzug fortgesetzt (durchschnittlicher Rückgang seit 1958 etwa 30 m).

In den nächsten Heften
der
Zeitschrift für angewandte Geologie

erscheinen u. a. folgende Beiträge:

F. REUTER & A. THOMAS: Ingenieurgeologische Kartierung in Deutschland

J. PAŠEK & J. RYBÁŘ: Die Darstellung ingenieurgeologischer Verhältnisse in der Karte 1:25000

G. HEMPEL: Die Messung von Linearen in der Tektonik

A. I. TUGARINOW & A. W. SMEENKOWA: Die Herkunft der Erze bei der endogenen Lagerstättenbildung

M. MICHALÍČEK & R. KVĚT: Genesis der Mineralwässer und ihre Auswertung für die Prospektion auf Erdöl und Erdgas (Teil II)

R. REUTER: Die Lagerungsverhältnisse des Zechsteins im Raum Bernburg—Güsten—Aschersleben

G. SEIDEL: Zur Konzeption der Kalierkundung im Thüringer Becken

G. KNITZSCHKE: Vererzung, Hauptmetalle und Spurenelemente des Kupferschiefers in der Sangerhäuser und Mansfelder Mulde

H. RISCHE: Zur Erfassung und Deutung tiefer Reflexionen im Thüringer Becken

Herausgeber: Staatliche Geologische Kommission und Zentrale Vorratskommission für mineralische Rohstoffe der Deutschen Demokratischen Republik. Chefredakteur: Prof. Dr. Erich Lange, Berlin. Redaktion: Berlin N 4, Invalidenstraße 44. Verlag: Akademie-Verlag GmbH, Berlin W 8, Leipziger Straße 3—4 (Fernsprecher 220441, Telex 011773, Postscheckkonto: Berlin 35021). Bestellnummer des Heftes 1047/7/2. Die „Zeitschrift für angewandte Geologie" erscheint monatlich. Bezugspreis 2,— DM je Heft. — Satz und Druck: Druckhaus „Maxim Gorki", Altenburg. Veröffentlicht unter der Lizenznummer ZLN 5008 des Ministeriums für Kultur, Hauptverwaltung Verlagswesen. Karten: MdI der DDR Nr. 6088/K 11.

FSC
www.fsc.org
MIX
Papier | Fördert gute Waldnutzung
FSC® C083411

Zeitfracht Medien GmbH
Ferdinand-Jühlke-Straße 7
99095 Erfurt, Deutschland
produktsicherheit@kolibri360.de